工程制图与 AutoCAD

主　编　刘　莉

副主编　董荣书

参　编　谢文洁　丁燕霞

北京理工大学出版社
BEIJING INSTITUTE OF TECHNOLOGY PRESS

内 容 提 要

本书共两个项目，包括基础命令与操作、综合应用与提高。全书从实用的角度出发，介绍了 AutoCAD 绘图软件的使用方法，包括 AutoCAD 软件的绘图、修改、标注、文字等基本命令及图层、图块、捕捉等辅助绘图功能。另外，还以各种实例为媒介，由浅入深地详细介绍了 AutoCAD 各种命令的综合使用方法，并且大量采用了路桥专业的设计图纸，以便于相关专业的学生能更好地了解本专业图纸的绘制方法和过程。

本书可作为高等院校道路与桥梁工程等相关专业的教学用书，也可供道路与桥梁工程从业人员参考使用。

版权专有 侵权必究

图书在版编目（CIP）数据

工程制图与 AutoCAD / 刘莉主编 . —北京：北京理工大学出版社，2021.1

ISBN 978-7-5682-9381-5

Ⅰ . ①工… Ⅱ . ①刘… Ⅲ . ①工程制图— AutoCAD 软件 Ⅳ . ① TB237

中国版本图书馆 CIP 数据核字（2020）第 259443 号

出版发行 / 北京理工大学出版社有限责任公司

社　　址 / 北京市海淀区中关村南大街 5 号

邮　　编 / 100081

电　　话 / （010）68914775（总编室）

　　　　　　（010）82562903（教材售后服务热线）

　　　　　　（010）68948351（其他图书服务热线）

网　　址 / http://www.bitpress.com.cn

经　　销 / 全国各地新华书店

印　　刷 / 北京紫瑞利印刷有限公司

开　　本 / 787 毫米 × 1092 毫米　1/16

印　　张 / 12.5　　　　　　　　　　　　　　　　　　责任编辑 / 高雪梅

字　　数 / 250 千字　　　　　　　　　　　　　　　　文案编辑 / 高雪梅

版　　次 / 2021 年 1 月第 1 版　2021 年 1 月第 1 次印刷　责任校对 / 周瑞红

定　　价 / 58.00 元　　　　　　　　　　　　　　　　　责任印制 / 边心超

前　言

本书以能力为本位，基于工作过程进行编写，着重培养学生的动手能力；在结合技术规范的同时，还借鉴了同类教材的优点，将知识点和技能点组合成模块化的知识框架，使知识点和技能点的连贯性与应用性更强。

随着科技的发展，计算机绘图已取代了手工制图，成为交通、土建、机械行业主要的制图方式，而 AutoCAD 是现今应用最为广泛的绘图软件之一，也是交通、土建、机械行业绘制工程图纸的重要工具。本书针对道路与桥梁工程专业图纸的特点，精选了一批有代表性的实例，由浅入深地讲解了使用 AutoCAD 绘制、标注和输出工程图纸的方法。本书分为以下两大部分：

1．基础命令与操作

基础命令与操作部分详细讲解 AutoCAD 绘图、编辑、标注、图层、坐标等核心绘图功能，而且每种功能均采用有针对性的图纸实例作为引导，让学习者在绘图的过程中学会相关命令的使用方法。尤其是在介绍绘图命令和编辑命令时，为了打破传统教材将两者进行分类讲解而造成的"引用例题目标性不强、实用性无法体现"的弊端，本书将绘图和编辑命令进行了灵活、有机的糅合，在项目实例的引导下学习运用绘图和编辑命令，让学习者轻松掌握不同命令的功能。

2．综合应用与提高

综合应用与提高部分主要介绍 AutoCAD 的一些高级命令功能，以及命令的综合使用；并且介绍道路与桥梁工程中，部分道路图纸、桥梁图纸和涵洞图纸的绘制方法和过程。书中所采用的实例均来自实际的施工图纸，针对性强。另外，一边绘制图纸、一边阅读图纸的过程也有助于学习者复习以前所学过的画法几何知识，从而进一步巩固识图技能。

为了适应信息化教学需要，本书还开发了相关的数字化教学资源，包括教学课件和教学视频，以二维码形式呈现，学习者可通过扫码观看。

　　本书由贵州交通职业技术学院刘莉担任主编（编写项目一中的任务一至任务五，项目二中的任务一、任务二）、董荣书担任副主编（编写项目二中的任务三），参加本书编写的有谢文洁（编写项目一中的任务六、任务七）、丁燕霞（参与了书中部分教学视频的录制工作）。

　　由于编写时间仓促，书中难免存在不妥之处，敬请读者提出宝贵意见。

编　者

目　录

项目一　基础命令与操作 ……… 1

　任务一　AutoCAD 概述 ……… 1

　　一、认识 AutoCAD ……… 1

　　二、坐标 ……… 8

　任务二　绘图辅助功能 ……… 11

　　一、基础操作 ……… 11

　　二、绘图环境的设置 ……… 17

　　三、对象捕捉 ……… 21

　任务三　基础命令 ……… 26

　　一、绘制挡土墙平面图 ……… 26

　　二、绘制平交道路 ……… 39

　　三、绘制圆管涵洞身断面图和

　　　　人行道板铺砌平面图 ……… 50

　　四、高级图形绘制命令和图形

　　　　对象编辑命令 ……… 66

　任务四　标注命令 ……… 73

　　一、尺寸标注命令 ……… 73

　　二、文字标注命令 ……… 81

　　三、标注样式 ……… 85

　　四、绘制表格 ……… 96

　任务五　图层 ……… 106

　　一、创建图层 ……… 106

　　二、管理图层 ……… 111

　任务六　图块 ……… 114

　　一、创建图块 ……… 114

　　二、插入图块 ……… 116

　　三、编辑图块 ……… 119

　任务七　图纸的打印和输出 ……… 121

　　一、图纸打印 ……… 121

　　二、图纸输出 ……… 125

项目二　综合应用与提高 ……… 128

　任务一　命令的综合使用 ……… 128

　　一、几种典型图形的快速绘制 ……… 128

二、路线图的绘制 ················143

任务二　绘制桥梁工程图················158

一、绘制桥墩构造图················158

二、绘制 U 形桥台平、立面图················164

三、绘制 T 形梁断面图················169

四、绘制桥台锥坡图················170

任务三　绘制涵洞工程图················177

一、绘制圆管涵工程图················177

二、绘制盖板涵工程图················186

参考文献················192

项目一　基础命令与操作

任务一　AutoCAD 概述

一、认识 AutoCAD

（一）简介

AutoCAD 是由美国 Autodesk 公司开发的计算机辅助绘图设计软件，是目前世界上应用最广的 CAD 软件。随着时间的推移和软件的不断完善，AutoCAD 已由原先以二维绘图技术为主，发展到二维、三维绘图技术兼备，且具备线上设计的多功能 CAD 软件系统。AutoCAD 的用户界面良好，通过菜单、工具栏或命令行方式便可以进行各种绘图操作。它的多文档设计环境，能够让非计算机专业的用户也能较快掌握。AutoCAD 强大的功能已让它能在很多领域发挥作用。

1. AutoCAD 的功能

（1）绘制、编辑图形。AutoCAD 提供了丰富的基础绘图命令，使用这些命令可以轻松绘制直线、构造线、多段线、圆、矩形、多边形、椭圆等简单图形，也可以将对绘制的图形进行填充或者计算尺寸，还可以通过编辑命令将图形修改为复杂的二维图形。而它在三维环境下可通过拉伸、扫掠等操作就将二维图形轻松转换为三维图形。与此同时，在三维环境中也提供了一定的三维绘图命令，用户可以很方便地绘制圆柱体、球体、长方体等基本实体以及三维网格、旋转网格等网格模型。同样，再结合编辑命令，还可以绘制出各种各样的复杂三维图形。

（2）图形尺寸的标注。尺寸标注是工程图纸中不可缺少的部分。AutoCAD 提供了标注功能，使用该功能可以为图纸创建各种类型的尺寸标注，也可以方便、快速地创建固定格式且符合行业或项目标准的标注。标注可显示图形对象的测量值，也可按一定比例显示数值。

AutoCAD 中提供的标注类型多种多样，包括线性、对齐、旋转、坐标、角度、基线或连续等。另外，还可以进行引线标注、公差标注，以及自定义粗糙度标注。标注的对象可以是二维图形或三维图形。

（3）图形的输出与打印。AutoCAD 不仅允许将图形以不同格式通过绘图仪或打印机输出，还能够将不同格式的图形导入 AutoCAD。因此，当图形绘制完成之后既可以将图形打印在图纸上，也可以创建成 jpg 或 pdf 等格式文件供其他形式的使用。

（4）图形的显示与控制。AutoCAD 是矢量绘图软件，其输出的图形清晰度不受像素的影响，用户可以任意在绘图空间任意放大、缩小或者平移图形来观察图纸整体或者局部情况。在三维视图中，还可调整视口模式来观察三维图形。

2．AutoCAD 版本的选择

AutoCAD 从 20 世纪 80 年代发布第一个版本到现在，已陆续发布了 20 多个版本。这些版本之间有什么区别？到底应该用哪个版本？哪个版本最好用？这些都是让很多初学者很困扰的事情。实际上，每个版本都各有其优缺点，评价一个版本好用与否，要根据用户的个人需要和使用体验来看，并没有统一的标准。

AutoCAD 发展至今，功能越来越强大，但随之而来的安装包也越来越大，对电脑性能的要求也逐渐变高。例如，AutoCAD 2004 版安装包只需要 300 ～ 400 MB 左右的存储空间，发展到 AutoCAD 2011 版时，安装包已超过了 2 GB，到了 AutoCAD 2016 版以后的版本在 Windows XP 系统中已无法安装使用，所以选择哪个版本，还需要根据个人的计算机配置情况来决定。

总的来说，AutoCAD 虽然版本众多，但其基础的绘图功能和绘图命令一直在沿用并没有太大改变。从 AutoCAD 2004 版以后增加的功能，如块编辑（动态块）、表格、布局视口、注释性、注释比例、图纸集等对于设计人员来说并不算是核心功能，很多设计人员使用这些功能的机会也很少。因此，对于初学者来说，只要学好其中某一版本的操作，再使用其他版本来绘制图纸也是完全没有问题的。本书中选择使用 AutoCAD 2008 版进行阐述与讲解，其理由如下：

（1）图形绘制及编辑功能强大，且其所提供的作图方法，已能完全满足不同行业对图形绘制的需求。

（2）作图精确度高。在绘制细节多、形状复杂的图形时，准确地编辑图形、修改图形以实现最终想要的结果相对较容易。

（3）支持多种系统，能与各种操作平台兼容，具有广泛的应用性和通用性。

（4）界面友好，操作方便，对于初学者来说更容易上手。

（5）具有图形格式转换功能，能够转换多种图片格式，便于用户超格式使用。

（6）图像输出清晰，而且查看、浏览和管理图形都较为便捷。

（二）用户界面

AutoCAD 2008 的应用窗口主要包括标题栏、菜单栏、工具栏、绘图窗口、命令行提示区、状态栏及控制面板等内容，如图 1-1-1 所示。

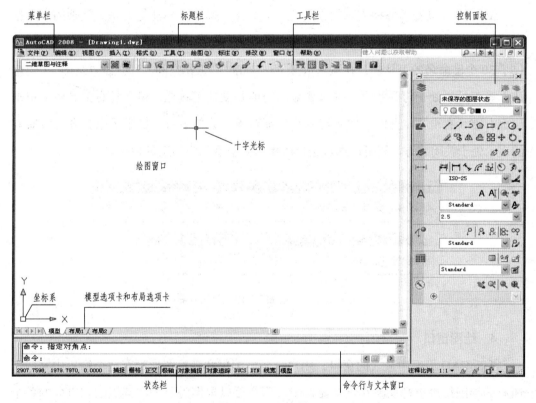

图 1-1-1　用户界面

1. 标题栏

标题栏位于整个 AtuoCAD 的最顶端，其显示了当前正在运行的程序名及文件名等信息，如果是还未命名的 AutoCAD 图形文件，则默认为 Drawing N.dwg（N 是数字，N=1，2，3，…，表示第 N 个图形文件）。单击标题栏右端的按钮，可以最小化、最大化或关闭程序窗口。标题栏最左边是软件小图标，单击它将会弹出一个下拉菜单，可以进行还原、移动、大小、最小化、最大化、关闭 AutoCAD 窗口等操作。

2．菜单栏

标题栏下面是菜单栏。菜单栏几乎包括 AutoCAD 中的全部功能和命令。它们按照功能的不同、分门别类地被放在不同的菜单项目中。如果命令后带有向右的箭头，表示还有子菜单。

如果命令后带有快捷键字母，表示打开此菜单时，按下快捷键即可执行某个命令。如果命令后带有组合键，表示直接按组合键即可执行此命令。如果命令后带有"…"，表示执行此命令后打开一个对话框。

如果命令呈灰色，表示此命令在当前状态下不可使用。

3．工具栏和控制面板

AutoCAD 具备了各种类别的工具栏，如绘图、修改、标注等，每一类别的工具栏容纳了该类别所具备的各种功能的命令按钮（图 1-1-2）。在 AutoCAD 中，系统共提供了 30 个已命名的工具栏。在默认情况下，"标准""工作空间""属性""绘图"和"修改"等工具栏处于打开状态。如果要显示当前隐藏的工具栏，可在任意工具栏上单击鼠标右键（右击）。此时，将弹出一个快捷菜单，菜单上有勾的表示已打开，没有勾的表示处于关闭状态，还可以通过选择所需命令显示相应的工具栏。

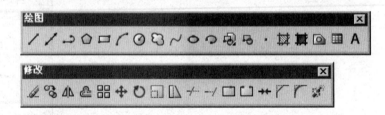

图 1-1-2 "绘图""修改"工具栏

4．绘图窗口

AutoCAD 界面中最大的窗口。用户绘制、编辑和观察图形都在这个窗口中完成，所有的绘图结果也都反映在这个窗口中。用户可以根据需要关闭其周围和里面的各个工具栏，以增大绘图空间。如果图纸比较大，需要查看未显示部分时，可以单击窗口右边与下边滚动条上的箭头，或拖动滚动条上的滑块来移动图纸。

在绘图窗口左下方坐标系，包含有坐标原点、X 轴、Y 轴、Z 轴的方向。默认情况下，当前坐标系为世界坐标系（WCS）。用户可以根据需要建立自己的坐标系。单击绘图窗口下方的"模型"和"布局"选项卡按钮，可以在模型空间或图纸空间之间来回切换。

5. 十字光标

绘图窗口中显示的十字光标为用户进行图纸绘制工作时的主要绘图工具，其两条十字线交点位置反映当前光标的位置。

6. 命令行与文本窗口

命令行用于输入作图命令和显示系统提示信息，如图 1-1-3 所示。AutoCAD 软件提供的是交互式操作，用户输入的任何命令及系统的大部分响应和提示都显示在命令行窗口中，用户可根据提示进行后续操作。在 AutoCAD 软件中，用户还可以根据需要将命令行拖放为浮动窗口。

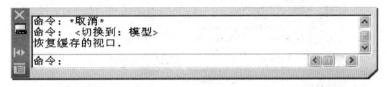

图 1-1-3 命令行

AutoCAD 还提供了与命令行相似的文本窗口。其记录了用户已执行的命令，也可以用来输入新命令。用户按 F2 键就可以打开文本窗口，再按 F2 键就可以切换回绘图窗口。

7. 布局标签

AutoCAD 系统默认设定一个"模型"空间布局标签和"布局 1""布局 2"两个图纸空间布局标签。默认打开的是模型空间布局标签。

8. 状态栏

状态栏位于窗口最底部（图 1-1-4）。在状态栏的左侧显示的是十字光标当前的坐标位置或者命令的提示信息。

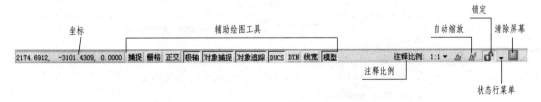

图 1-1-4 状态栏

状态栏中部有各种辅助绘图工具的开关按钮，包括"捕捉""栅格""正交"等。这些开关用来反映当前的作图状态，可用于精确绘制图中对象上特定点的捕捉、定距离捕捉、捕捉某设定角度上的点、显示线宽及在模型空间和图纸空间之间转换等。状态栏的右部显示的是注释比例，用户可以很方便地查看常用注释比例。状态栏的右下角是状态栏托盘，通过状态栏托盘中的图标，用户可以很方便地访问常用功能。

（三）文件操作

AutoCAD 软件的文件操作包括新建文件、打开文件、保存文件等。

1．新建文件

在 AutoCAD 中有三种方法来创建一个新的图形文件，选择"文件"→"新建"命令，或单击工具栏中的"新建"按钮，或在命令行中输入"new"，弹出"选择样板"对话框，如图 1-1-5 所示。

图 1-1-5　"选择样板"对话框

在对话框中选择一种图形样板，单击右下角的"打开"按钮即可以新建一个图形文件。创建二维图形一般选择 acadiso.dwt 样板文件，三维图形一般选择 acadiso3D.dwt 样板文件。

2．打开文件

选择"文件"→"打开"命令，或在工具栏中单击"打开"按钮，则可以打开"选择文件"对话框（图 1-1-6）。

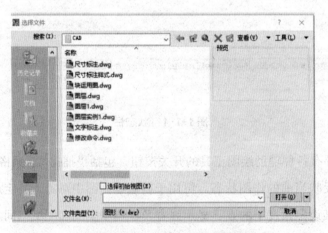

图 1-1-6　"选择文件"对话框

在"选择文件"对话框中选择需要打开的图形文件，单击"打开"按钮即可。

3. 保存文件

在菜单栏中，选择"文件"→"保存"命令，或单击工具栏中的"保存"按钮📄，或使用 Ctrl+S 快捷键，都可以对图形文件进行保存。若当前的图形文件已经命名，则按此名称保存文件。如果当前的图形文件尚未命名，则弹出"图形另存为"对话框（图 1-1-7），该对话框用于保存已经创建但尚未命名的图形文件。如果要重新命名文件，也须选择"文件"→"另存为"命令。

图 1-1-7　"图形另存为"对话框

单击"图形另存为"对话框右上角的"工具"→"安全选项"命令（图 1-1-8），系统将弹出"安全选项"对话框，用户可以为自己的图形文件设置加密保护（图 1-1-9）。

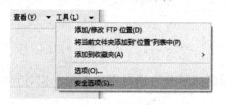

图 1-1-8　"安全选项"命令

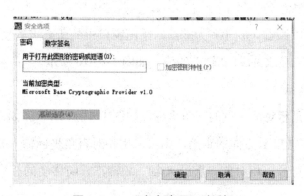

图 1-1-9　"安全选项"对话框

二、坐标

AutoCAD 图形中各点的位置都是由坐标系来确定的。在 AutoCAD 中,有世界坐标系(WCS)和用户坐标系(UCS)两种坐标系。

(一)世界坐标系和用户坐标系

1. 世界坐标系

世界坐标系是 AutoCAD 的基本坐标系。在默认状态下,AutoCAD 使用的是世界坐标系。其由三个相互垂直的坐标轴(X 轴、Y 轴、Z 轴)组成,交点为原点。其中,X 坐标轴正方向为水平向右的方向,Y 坐标轴正方向为垂直向上的方向,Z 坐标轴正方向为垂直屏幕向外、指向用户的方向。整个坐标系位于绘图窗口左下角。图形中任何一点的位置都是用相对于原点(0,0,0)的距离和方向来表示。

2. 用户坐标系

用户坐标系是用户自己建立的坐标系统。用户坐标系是在世界坐标系的基础上,通过改变坐标系的原点和方向产生的。AutoCAD 提供了可变的用户坐标系以方便用户绘图。例如,在倾斜的地面上画一个矩形,因为这个矩形平面(即倾斜的地面)不属于 X 坐标轴和 Y 坐标轴所构成的平面,为了简化绘制,用户可以将倾斜的地面定义为一个新的坐标平面,那么画这个矩形就变成了简单的二维问题。

(二)坐标的输入

在二维空间中,坐标形式可分为绝对直角坐标、相对直角坐标、绝对极坐标和相对极坐标 4 种方法表示。

1. 绝对直角坐标

绝对直角坐标以原点(0,0)为基点,绘图窗口中的所有点的坐标值(X,Y)都是距离原点(0,0)在 X 轴和 Y 轴上的值,如图 1-1-10 所示。

2. 相对直角坐标

相对直角坐标是相对前一点的直角坐标,如图 1-1-11 所示。如果用户知道某点相对于前一点在 X 方向和 Y 方向的距离,则可采用相对直角坐标输入方法。相对直角坐标前必须加"@"符号,相对前一点沿 X 轴、Y 轴正方向移动的相对坐杆值为正,反之为负。

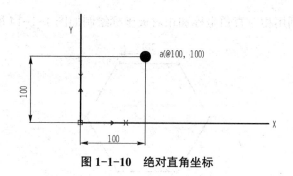

图 1-1-10　绝对直角坐标

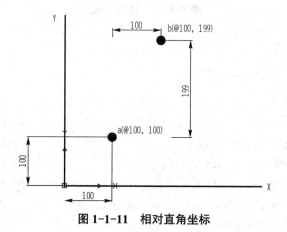

图 1-1-11　相对直角坐标

3．绝对极坐标

绝对极坐标是以原点为基点，如图 1-1-12 所示。绝对极坐标输入的是某点到原点的连线长度及该连线与 X 轴逆时针方向的夹角的角度，长度和角度之间用"<"符号隔开。如果角度是顺时针方向的，则需要加负号。

4．相对极坐标

相对极坐标与相对直角坐标的含义类似，都是相对于前一点的坐标，只是相对标坐标输入的是长度和角度，如图 1-1-13 所示。如果用户知道某点相对于前一点的极坐标值，那么，就可以采用相对极坐标输入。相对极坐标符号需要在前面加"@"符号。要求用户输入该点到前一点的连线长度值，以及连线与 X 轴的夹角角度。同样规定，逆时针方向为正方向。

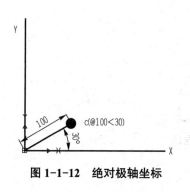

图 1-1-12　绝对极轴坐标

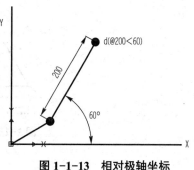

图 1-1-13　相对极轴坐标

【例 1-1-1】利用相对直角坐标和相对极坐标绘制如图 1-1-14 所示的正六边形。

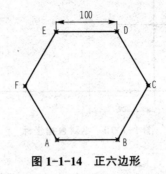

图 1-1-14　正六边形

命令执行过程如下：

```
命令：l↙                                              // 输入"直线"命令
LINE
指定第一点：                                           // 绘图窗口，鼠标拾取 A 点
指定下一点或 [ 放弃 (U) ]：100,0↙                      // 找到 B 点，绘制直线 AB
指定下一点或 [ 放弃 (U) ]：@100<60↙                    // 找到 C 点，绘制直线 BC
指定下一点或 [ 闭合 (C) / 放弃 (U) ]：@100<120↙        // 找到 D 点，绘制直线 CD
指定下一点或 [ 闭合 (C) / 放弃 (U) ]：@-100,0↙         // 找到 E 点，绘制 DE
指定下一点或 [ 闭合 (C) / 放弃 (U) ]：@100<240↙        // 找到 F 点，绘制 EF
指定下一点或 [ 闭合 (C) / 放弃 (U) ]：@100<-60↙        // 找到 A 点，绘制 AF
指定下一点或 [ 闭合 (C) / 放弃 (U) ]：↙                // 按 Enter 键，退出"直线"命令
```

📁 ➤ 课后练习

1. AutoCAD 有哪些功能？

2. AutoCAD 的面板由哪些模块组成？

3. 请创建一个名为"我的作业"的图形文件，并保存。

4. 利用相对极坐标绘制一个边长为 100 的等边三角形，如图 1-1-15 所示。

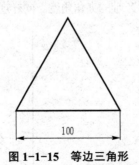

图 1-1-15　等边三角形

任务二　绘图辅助功能

一、基础操作

（一）命令输入

AutoCAD 中有多种命令输入的方法。

1. 从工具栏或者控制面板中输入命令

工具栏和控制面板都分门别类地集合了许多图标按钮。用鼠标单击工具栏或控制面板上的图标按钮即可执行相应的命令。例如，按钮✏️代表绘制直线，无论是在绘图工具栏，还是在控制面板上单击该图标按钮，都可以执行直线绘制命令。

2. 从菜单栏输入命令

AutoCAD 有一部分命令默认状态下是不在工具栏中以图标按钮的形式显示的，这时，用户可以利用菜单栏的下拉菜单输入这些命令。另外，在工具栏中显示的命令也可通过菜单栏的下拉菜单输入。

3. 从命令行输入命令

命令行给用户提供了通过键盘输入的方式来执行命令的功能，而且绝大部分命令都有相应的简写，如绘制直线的命令是"Line"，其简写为"L"。

4. 命令的重复

不论上一个命令是什么，只要按 Space 键，或者按 Enter 键，都可以再次重复执行上一个命令；或者在绘图窗口中单击鼠标右键，再在弹出的快捷菜单中选择"重复"命令，也可以重复输入上一个命令。例如，上一次执行的是绘制直线命令，那么按空格键后将再次输入直线命令。

5. 命令的终止

按 Esc 键可以终止正在执行的命令。很多命令在运行时，是需要连续输入响应的，如"复制"命令中需要选择复制对象、选择复制位置等，这时可以通过按 Space 键，或者按 Enter 键，或者单击鼠标右键，再在弹出的快捷菜单中选择"确认"命令，就进行下一步操作。用户如果需要停止命令的执行，则可以按 Esc 键终止命令。

6．透明命令

AutoCAD 中的透明命令是指一个命令还没结束，中间插入另一个命令，执行插入命令后再继续完成前一个命令。此时插入的命令被称为透明命令。插入透明命令是为了方便完成第一个命令。常见的透明命令有"视图缩放""视图平移""对象捕捉""正交"等。

例如，在执行"直线"命令后，可以执行"视图缩放"命令，放大显示窗口，方便对直线另一端点进行定位。

命令执行过程如下：

```
命令: _line↙
指定第一点:
指定下一点或[放弃(U)]: '_zoom                              //插入"视图缩放"命令
指定窗口的角点，输入比例因子(nX 或 nXP)，或者
[全部(A)/中心(C)/动态(D)/范围(E)/上一个(P)/比例(S)/窗口(W)/对象(O)]
<实时>: 2x↙
正在恢复执行 LINE 命令。
指定下一点或[放弃(U)]:
```

（二）视图操作

实际绘图时，为了方便，经常需要改变图形在窗口中显示的大小，如放大图形显示或缩小图形显示。这个缩放只是针对视图窗口中图形的显示大小，并不是针对图形对象的真实尺寸。最常用、最方便的方法是直接滑动鼠标滚轮进行缩放。

缩放可以通过菜单栏中的"视图"→"缩放"命令来执行，也可以在命令行中输入命令"zoom"来执行，除此之外，还可以通过工具栏中的图标按钮（图 1-2-1）进行操作。

1．实时缩放

在工具栏中单击按钮 ，按住鼠标左键同时移动鼠标可以实现实时缩放。按 Esc 键或 Enter 键可以结束实时缩放操作，或者单击鼠标右键，在弹出的快捷菜单中选择"退出"命令，也可以结束当前的实时缩放操作。

实时缩放的命令为：zoom。

2．窗口缩放等按钮

在工具栏中选择按钮 ，按住该按钮，将会出现如图 1-2-1 所示下拉菜单，选择

其中的按钮可以实现不同效果的缩放。

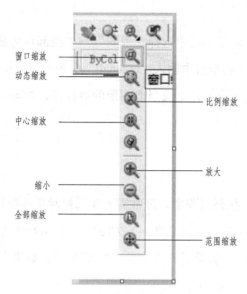

图 1-2-1　视图缩放工具栏

3．平移视图

在 AutoCAD 中，可以移动整个图形和重新定位图形，以便看清楚图形的其他部分。此时不会改变图形中对象的位置或比例，只改变视图在窗口中的当前显示位置。用户可以通过单击工具栏中的图标按钮，或在命令行中输入"平移"命令"pan"来执行平移操作。

（三）重画和重生成

在绘图过程中，屏幕上常常留下对象的拾取标记，这些临时标记并不是图形中的对象，有时会使当前的图形画面显得混乱，如显示一些不存在的点；或者绘制的图形显得有些失真，如画的圆不圆等。这时就需要用到重画或重生成图形功能。

1．重画

在菜单栏中选择"视图"→"重画"命令，可以执行重画操作；或者在命令行中输入"redrawall"命令也可以执行该操作。在进行某些操作时，该命令还能将从视口中所有点标注的编辑命令删除。

2．重新生成

（1）重生成。在菜单栏中选择"视图"→"重生成"命令，可以执行"重生成"命令；或者在命令行中输入"regen"命令也可以执行该操作。

"regen"命令是在当前视口中重生成整个图形并重新计算所有图形对象的屏幕

坐标。此外，这个命令还能重新创建图形数据库索引，从而优化显示和对象选择的性能。

（2）全部重生成。在菜单栏中选择"视图"→"全部重生成"命令，可执行"全部重生成"命令；或者在命令行中输入"regenall"命令也可以执行该操作。

"regenall"命令重新计算并生成当前图形的数据库，更新所有视口显示。该命令与"regen"命令类似。

（四）对象的选择

在 AutoCAD 的命令执行过程中，经常需要先选择对象再执行后面的操作。当对象处于被选择状态时，该对象会亮显［图 1-2-2（a）］；如果是先选择对象，再执行操作，则直接选择的对象的特征位置显示夹点［图 1-2-2（b）］；如果先输入命令再选择对象，则不显示夹点［图 1-2-2（c）］。

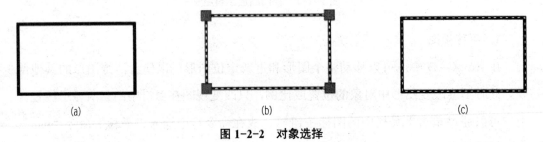

（a）　　　　　　　　　　（b）　　　　　　　　　　（c）

图 1-2-2　对象选择

（a）未被选择的图形对象；（b）直接选择的图形对象；（c）先输入命令后选择的图形对象

对象选择的方式有以下三种：

（1）点选：直接在绘图窗口内，通过单击鼠标选择图形对象。这种方式一次只能选择一个图形对象。

（2）窗口选择：在绘图窗口内，通过拖动鼠标形成一个矩形窗口作为选择范围来选择图形对象（图 1-2-3）。如果该矩形框是从左往右拖动鼠标形成的，那么只有完全处于矩形框内部的图形对象被选中；如果矩形框是从右往左拖动鼠标形成的，那么矩形内部及与矩形框相交的图形对象都会被选中。这种方法可一次选择多个图形对象。

（3）使用"选择"命令：在命令行键入"选择"命令"select"，再结合鼠标也可以选择图形对象。

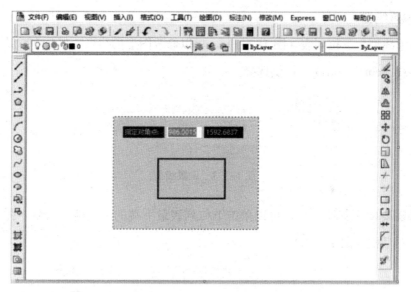

图 1-2-3　窗口选择

（五）特性工具栏

特性工具栏（图 1-2-4）是设置图形颜色、线型和线宽的工具栏。

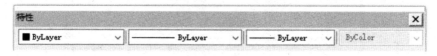

图 1-2-4　特性工具栏

1．设置颜色

打开"颜色"下拉列表（图 1-2-5），可以为图形选择需要的颜色。

如果下拉列表中的颜色不能满足要求，可以单击下拉列表最下端的"选择颜色"命令，打开"选择颜色"对话框（图 1-2-6），就会有更多种颜色可供选择。

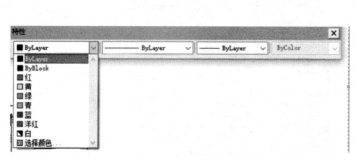

图 1-2-5　设置颜色

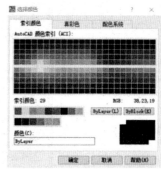

图 1-2-6　"选择颜色"对话框

2.设置线型

打开"线型"下拉列表(图1-2-7),可以修改图形的线型。但是在默认条件下,只有"实线(continuous)"可供选择。

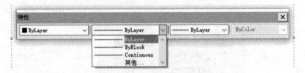

图1-2-7　设置线型

如果需要使用其他线型,可以单击下拉列表最下端的"其他"命令,弹出"线型管理器"对话框(图1-2-8)。

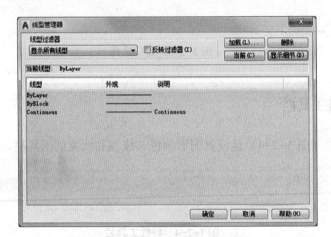

图1-2-8　"线型管理器"对话框

在"线型管理器"对话框中,单击"加载"按钮,系统弹出"加载或重载线型"对话框。在这个对话框中,选择需要的线型即可将其添加到"线型管理器"对话框中,并可在"特性"工具栏中进行选择(图1-2-9)。

图1-2-9　"加载或重载线型"对话框

3．设置线宽

在"线宽"下拉列表中，可以对图形的线宽进行设置，如图 1-2-10 所示。

图 1-2-10　设置线宽

二、绘图环境的设置

为了能快速、方便地进行绘图，在正式绘图之前，最好对绘图环境的某些参数进行设置，以方便使用，例如，对图形单位、绘图界限和工具栏等进行必要的设置等。

（一）设置图形单位

不同的行业有可能使用不同的尺寸单位，因此，用户要结合需求设置合适的单位类型。

选择菜单栏中的"格式"→"单位"命令，系统将弹出如图 1-2-11 所示的"图形单位"对话框。

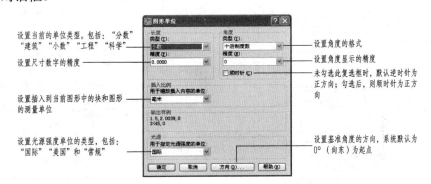

图 1-2-11　"图形单位"对话框

（二）设置图形界限

绘图界限即图形绘制时的图幅范围。在模型空间中，可设置绘图界限来规定绘图的边界范围，使所建立的模型始终处于这一范围内，避免在输出时出错。

可以在菜单栏中选择"格式"→"图形界限"命令，然后在绘图窗口中用十字光标指定绘图边界矩形框中对角线上的两个点，就可以确定绘图边界了。

另外，也可以利用"limits"命令来定义绘图边界。绘图范围同样是通过确定绘图边界矩形框对角线上两个点的坐标来确定。

命令执行过程如下：

```
命令：limits↙
重新设置模型空间界限：
指定左下角点或 [开（ON）/关（OFF）] <612.7362,124.5737>：0,0↙
指定右上角点 <1697.3497,881.5065>：420,297↙                //设置图幅范围
```

确定图形界限后，再次在命令行中输入"limits"，然后再输入"on"后按 Enter 键，图形界限即被打开，此时将无法在绘图界限以外绘制图形；输入"off"后按 Enter 键，图形界限被关闭，则图形绘制将不被图形界限所限制。设置绘图界限后，当栅格显示被打开时，栅格点将显示在整个图形界限内（图 1-2-12）。

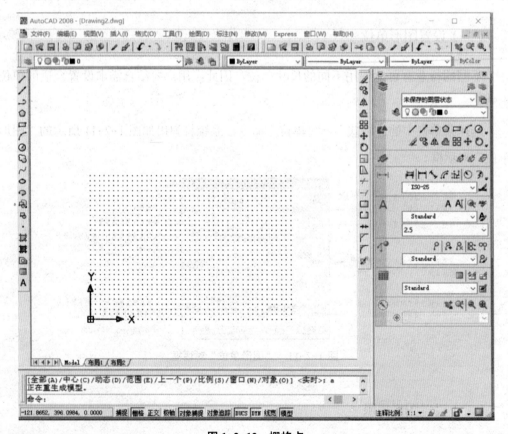

图 1-2-12　栅格点

（三）设置系统选项

选择菜单栏中的"工具"→"选项"命令，或者在命令行中输入"option"后按 Enter 键，系统将弹出"选项"对话框。该对话框中包括"文件""显示""打开和保存"等 10 个选项卡（图 1-2-13）。

（1）"显示"选项卡可以用来设置 AutoCAD 绘图窗口的背景颜色、十字光标的大小、显示精度、显示性能等特性。

（2）"打开和保存"选项卡可以用来设置打开和保存文件时的有关选项，如自动保存的间隔时间等。

（3）"系统"选项卡用来设置 AutoCAD 系统的有关特性。其中"基本选项"选项组确定是否选择与系统配置有关的基本选项。

（4）"用户系统配置"选项卡用于设置 AutoCAD 中优化性能的选项，如自定义右键功能等，右键功能可自定义重复上一次操作。

（5）"草图"选项卡用于设置绘图时有关的自动捕捉、自动追踪等精确绘图的功能选项。

（6）"选择"选项卡用于设置与对象选择、选择集模式有关的选项。

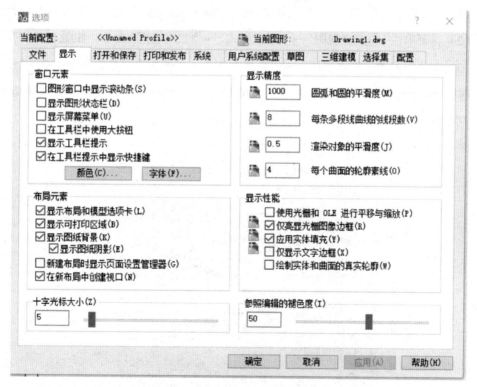

图 1-2-13　"选项"对话框

（四）三维空间转换为二维空间

有时候，AutoCAD 打开的界面是三维模型空间（图 1-2-14），这时如果需要绘制二维图形，那么就必须转换为二维模型空间。

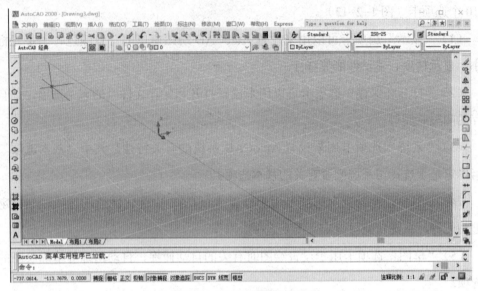

图 1-2-14　三维模型空间

（1）首先在"工作空间"下拉列表中选择"AutoCAD 经典"选项，如图 1-2-15 所示。

（2）在菜单栏中选择"视图"→"视觉样式"→"二维线框"命令，如图 1-2-16 所示。

（3）在菜单栏中选择"视图"→"三维视图"→"俯视"命令，如图 1-2-17 所示。

通过上述操作，界面即已转换为二维模型空间，此时，如果屏幕上出现栅格的点阵，只要将"栅格"开关关闭，则屏幕上的点阵就会消失。

图 1-2-15　"AutoCAD 经典"选项

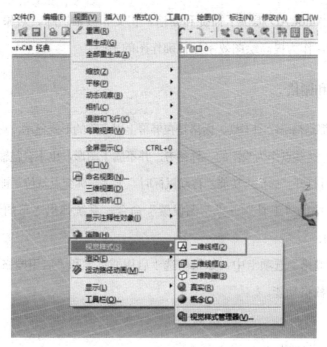

图 1-2-16   "二维线框"命令

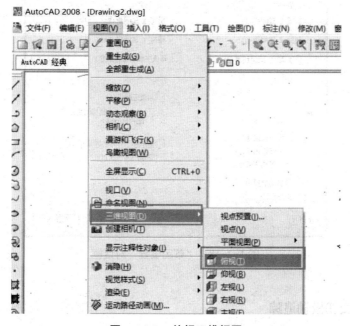

图 1-2-17   俯视三维视图

三、对象捕捉

AutoCAD 是以点作为最小绘图单元。在绘图过程中，仅使用坐标来定位是非常不方便的。因此，AutoCAD 提供了捕捉和栅格、正交和极轴追踪、对象捕捉等辅助功能，作为提高绘图效率且精确作图的手段。

（一）捕捉和栅格

捕捉和栅格都是精确绘图工具。栅格是在屏幕上以点阵的形式显示，点阵中点与点之间的距离是固定的。这些点作为绘图的一种参考，并不属于图形，也不会被输出；捕捉是捕捉屏幕上的点，一旦打开"捕捉"功能，移动鼠标时，十字光标交点就位于被锁定的点上。

选择菜单栏中的"工具"→"草图设置"命令，系统弹出"草图设置"对话框，如图 1-2-18 所示。

在"捕捉和栅格"选项卡中，如果勾选"启用捕捉"和"启用栅格"两个复选框，就能打开捕捉和栅格功能。

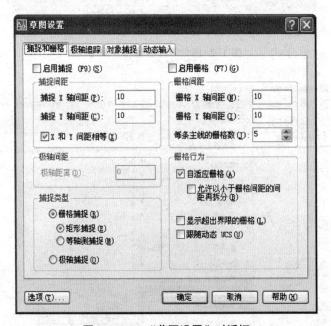

图 1-2-18 "草图设置"对话框

（二）正交和极轴追踪

1. 正交

在"状态"工具栏中，单击"正交"按钮，就可以打开正交功能。这个功能可方便地绘制平行于 X 轴或者 Y 轴的直线。

如图 1-2-19 所示，"正交"按钮被选中，即正交功能状态已打开。

正交 极轴 对象捕捉

图 1-2-19 正交按钮

2．极轴追踪

利用极轴可以在设定的极轴角度上根据提示精确移动鼠标进行追踪。当自动追踪打开时，在绘图窗口就会出现追踪线（追踪线可以是水平或垂直，也可以有一定角度），可以帮助用户在绘图时精确确定位置和角度。

选择菜单栏中的"工具"→"草图设置"命令，系统弹出"草图设置"对话框。在"极轴追踪"选项卡中可以设置极轴角度，如图1-2-20所示。

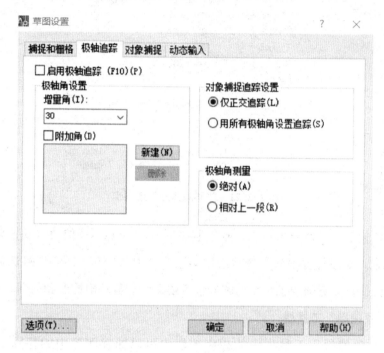

图1-2-20　"极轴追踪"选项卡

（三）对象捕捉

在绘图过程中，经常需要拾取图形对象上的一些特殊点，如中点、交点、圆心、切点等，而在大多数情况下，这些点的坐标是未知的，因此，不能用坐标来定位。这种情况下，就可以利用对象捕捉功能来拾取这些特殊点。

对象捕捉是AutoCAD专门提供给绘图者的精确、高效的绘图功能。

1．"对象捕捉"选项卡

要进行对象捕捉，首先要在"对象捕捉"选项卡中进行设置，如图1-2-21所示。在"对象捕捉"选项卡中：

（1）"启用对象捕捉"复选框：该复选框一旦勾选，对象捕捉功能状态打开。另外，功能键F3也可以对对象捕捉功能的状态进行切换。

（2）勾选"对象捕捉模式"选项组中的"端点""中点"等复选框后，就可以捕捉到相应的特殊对象点。

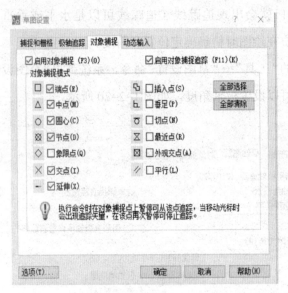

图 1-2-21　"对象捕捉"选项卡

设置了要捕捉的特殊对象点后，在绘制图形时，AutoCAD 能够自动拾取特殊对象点。例如，在"对象捕捉模式"选项组中勾选了"中点"和"圆心"复选框，那么在绘图时，鼠标一旦靠近圆或者直线，圆或者直线上就会显示出拾取到的圆心或者中点。

2. "对象捕捉"工具栏

单击"对象捕捉"工具栏中的相应按钮也可以捕捉图形中的特殊对象点，如图 1-2-22 所示。

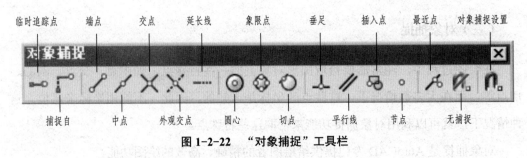

图 1-2-22　"对象捕捉"工具栏

【例 1-2-1】绘制一条直线垂直于图 1-2-23 所示的直线。

【解】在命令行中"直线"命令"1"，在绘图窗口任意拾取一点，单击"对象捕捉"工具栏中的"垂直"按钮，然后将鼠标移动到已知直线位置，AutoCAD 会自动拾取垂足，如图 1-2-24 所示，单击拾取到的垂足即可以完成垂直线的绘制。

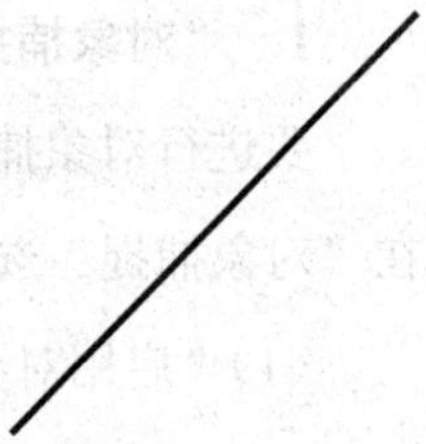

图 1-2-23　直线

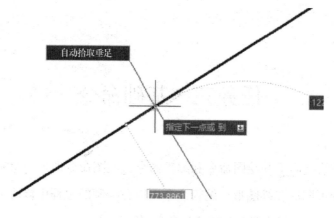

图 1-2-24　绘制垂直线

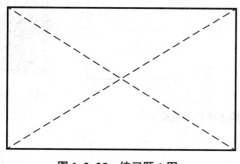

课后练习

1. 利用"直线"命令"l"和相对直角坐标绘制图 1-2-25 所示的图形，其中两条交线的颜色为蓝色，线型为虚线。已知矩形的长为 100，宽为 70；所有直线的线宽为 0.35 mm。

2. 请将图形界限设置为 210 mm × 297 mm。

3. 如图 1-2-26 所示，若要从 A 点作一条直线垂直于 BC，有哪几种方法可以实现？

4. 如何将绘图窗口区域的背景颜色设置为白色？

图 1-2-25　练习题 1 图

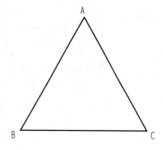

图 1-2-26　练习题 3 图

任务三 基础命令

二维图形的绘制离不开绘图命令和编辑命令。绘图命令通过一组基本图形命令帮助用户绘制各种不同的二维图形；编辑命令用以在绘制的过程中修改或者编辑图形。本任务主要介绍如何使用绘图命令和编辑命令。

一、绘制挡土墙平面图

图1-3-1所示为挡土墙三面投影图。需要用到绘图命令中的"直线"命令、"矩形"命令，以及编辑命令中的"偏移"命令、"复制"命令等。

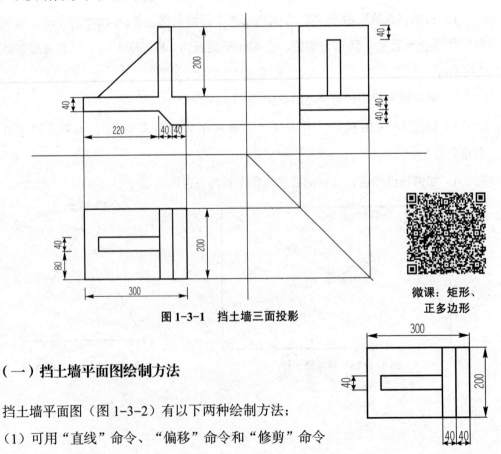

图 1-3-1 挡土墙三面投影

微课：矩形、
正多边形

（一）挡土墙平面图绘制方法

挡土墙平面图（图1-3-2）有以下两种绘制方法：

（1）可用"直线"命令、"偏移"命令和"修剪"命令完成。

图 1-3-2 挡土墙平面图

1）"直线"命令、"偏移"命令和"修剪"命令的使用方法。

①"直线"命令。直线是 AutoCAD 中最基本的图形，也是绘图过程中用得最多的图形。用户可以绘制一系列连续的直线段，但每条直线段都是一个独立的对象。单击"直线"按钮✏，或在命令行中输入"line"（或者"1"），都可执行该命令。

微课：直线

命令执行过程如下：

```
命令：_line↙
指定第一点：                                    //通过坐标方式或者鼠标拾取方式确定直线第一点
指定下一点或 [放弃 (U)]：                        //通过其他方式确定直线第二点
```

②"偏移"命令。"偏移"命令可以根据指定距离或通过点，创建一个与原有图形对象平行或具有同心结构的图形，偏移的对象可以是直线段、射线、圆弧、圆、椭圆弧、椭圆等。选择"修改"→"偏移"命令，或在"修改"工具栏中单击"偏移"按钮🖢，或在命令行中输入"offset"（或者"o"），都可执行该命令。

微课：移动、
复制、偏移

命令执行过程如下：

```
命令：_offset↙
当前设置：删除源 = 否   图层 = 源  OFFSETGAPTYPE=0
指定偏移距离或 [通过 (T)/删除 (E)/图层 (L)] <1.0000>：          //设置需要偏移的距离
选择要偏移的对象，或 [退出 (E)/放弃 (U)] <退出>：         //在绘图区域选择要偏移的对象
指定要偏移的那一侧上的点，或 [退出 (E)/多个 (M)/放弃 (U)] <退出>
                                                       //以偏移对象为基准，选择偏移的方向
```

③"修剪"命令。"修剪"命令可以将选定的直线、射线、圆弧等对象在指定边界一侧的部分剪切掉。选择"修改"→"修剪"命令，或单击"修剪"按钮✂，或在命令行中输入"trim"（或"tr"），都可执行该命令。

微课：删除、修剪

命令执行过程如下：

```
命令：_trim↙
当前设置：投影 =UCS，边 = 无
选择剪切边 ...
选择对象或 <全部选择>：找到 1 个                              //选择第一个剪切边
选择对象：↙                                               //按 Enter 键，完成选择
```

2）绘制挡土墙平面图。

①先使用"直线"命令，绘制外轮廓矩形。

命令执行过程如下：

```
命令：_line↙
指定第一点：                                           //进入直线命令后，鼠标在绘图窗口任意拾取一点
指定下一点或［放弃（U）］：<正交 开> 150↙             //先把正交打开，再输入 150
指定下一点或［放弃（U）］：100↙
指定下一点或［闭合（C）/放弃（U）］：150↙
指定下一点或［闭合（C）/放弃（U）］：c↙
```

绘制结果如图 1-3-3 所示。

注意：使用"直线"命令时，最后输入"c"按
Enter 键，可以绘制首尾连接的封闭图形。

②使用"偏移"命令，绘制内部直线。

命令执行过程如下：

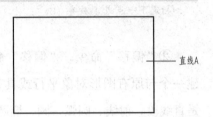

图 1-3-3　绘制外轮廓矩形

```
命令：o↙
OFFSET
当前设置：删除源 = 否　图层 = 源　OFFSETGAPTYPE=0
指定偏移距离或［通过（T）/删除（E）/图层（L）]<通过>：20↙            //设置偏移距离
选择要偏移的对象，或［退出（E）/放弃（U）]<退出>：      //选择需要偏移的对象，直线 A
指定要偏移的那一侧上的点，或［退出（E）/多个（M）/放弃（U）]<退出>：
                                       //指定偏移位置，在矩形内单击鼠标，得到直线 B
选择要偏移的对象，或［退出（E）/放弃（U）]<退出>：      //选择需要偏移的对象，直线 B
指定要偏移的那一侧上的点，或［退出（E）/多个（M）/放弃（U）]<退出>：
                                     //指定偏移位置，继续在矩形内单击鼠标
选择要偏移的对象，或［退出（E）/放弃（U）]<退出>：↙
```

绘制结果如图 1-3-4 所示。

③使用"偏移"命令和"修剪"命令，完
成最后的绘制。先使用"偏移"命令，得到直
线 C、D、E。

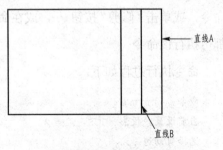

图 1-3-4　绘制内部直线

命令执行过程如下：

```
命令：o↙
OFFSET
当前设置：删除源 = 否　图层 = 源　OFFSETGAPTYPE=0
指定偏移距离或 [ 通过（T）/ 删除（E）/ 图层（L）]<20.0000>：40↙
选择要偏移的对象，或 [ 退出（E）/ 放弃（U）]< 退出 >：
指定要偏移的那一侧上的点，或 [ 退出（E）/ 多个（M）/ 放弃（U）]< 退出 >：
选择要偏移的对象，或 [ 退出（E）/ 放弃（U）]< 退出 >：
指定要偏移的那一侧上的点，或 [ 退出（E）/ 多个（M）/ 放弃（U）]< 退出 >：
选择要偏移的对象，或 [ 退出（E）/ 放弃（U）]< 退出 >：↙
命令：O↙
OFFSET
当前设置：删除源 = 否　图层 = 源　OFFSETGAPTYPE=0
指定偏移距离或 [ 通过（T）/ 删除（E）/ 图层（L）]<40.0000>：20↙
选择要偏移的对象，或 [ 退出（E）/ 放弃（U）]< 退出 >：
指定要偏移的那一侧上的点，或 [ 退出（E）/ 多个（M）/ 放弃（U）]< 退出 >：
选择要偏移的对象，或 [ 退出（E）/ 放弃（U）]< 退出 >：* 取消 *
```

绘制结果如图 1-3-5 所示。

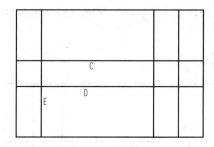

图 1-3-5　偏移直线

然后使用"修剪"命令，将直线 C、D、E 修剪为需要的形式。

命令执行过程如下：

```
命令：tr↙
TRIM
当前设置：投影 =UCS，边 = 无
选择剪切边 ...                              // 选择直线 E 为修剪边界
选择对象或 < 全部选择 >：找到 1 个          // 修剪边界确定以后，单击鼠标右键确定
选择对象：
选择要修剪的对象，或按住 Shift 键选择要延伸的对象，或
[ 栏选（F）/ 窗交（C）/ 投影（P）/ 边（E）/ 删除（R）/ 放弃（U）]：
                              // 单击鼠标右键确定直线 C 需要修剪的部分
```

选择要修剪的对象，或按住 Shift 键选择要延伸的对象，或

[栏选（F）/窗交（C）/投影（P）/边（E）/删除（R）/放弃（U）]：

//单击鼠标右键确定直线 D 需要修剪的部分

选择要修剪的对象，或按住 Shift 键选择要延伸的对象，或

[栏选（F）/窗交（C）/投影（P）/边（E）/删除（R）/放弃（U）]：↙

//按 Enter 键退出

命令：tr↙

TRIM

当前设置：投影 =UCS，边 = 无

选择剪切边 ...   //选择直线 C 和 D 为修剪边界

选择对象或 < 全部选择 >：找到 1 个

选择对象：找到 1 个，总计 2 个

选择对象：

选择要修剪的对象，或按住 Shift 键选择要延伸的对象，或

[栏选（F）/窗交（C）/投影（P）/边（E）/删除（R）/放弃（U）]：

//单击鼠标右键确定直线 E 需要修剪的部分

选择要修剪的对象，或按住 Shift 键选择要延伸的对象，或

[栏选（F）/窗交（C）/投影（P）/边（E）/删除（R）/放弃（U）]：

选择要修剪的对象，或按住 Shift 键选择要延伸的对象，或

[栏选（F）/窗交（C）/投影（P）/边（E）/删除（R）/放弃（U）]：↙

绘制结果如图 1-3-6 所示。

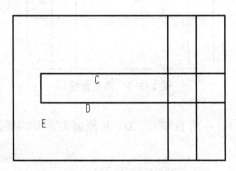

图 1-3-6　修剪直线

直线 C、D 还需要修剪，请尝试对其进行修剪，完成平面图绘制。

（2）使用"矩形"命令、"分解"命令、"偏移"命令和"修剪"命令完成。

1）"矩形"命令和"分解"命令的使用方法。

①"矩形"命令的使用。选择"绘图"→"矩形"命令，或单击"矩形"按钮▢，或在命令行中输入"rectang"（或"rec"），都可执行该命令。

命令执行过程如下：

```
命令：_rectang↙
指定第一个角点或 [倒角 (C)/标高 (E)/圆角 (F)/厚度 (T)/宽度 (W)]：
                                        //指定矩形的第一个角点坐标 A
指定另一个角点或 [面积 (A)/尺寸 (D)/旋转 (R)]：   //指定矩形的第二个角点坐标 B
```

绘制结果如图 1-3-7 所示。

命令行提示中"倒角（C）"选项用于设置矩形倒角的
值，即从两个边上分别切去的长度，用于绘制倒角矩形；
进入"矩形"命令后，先输入"c"按 Enter 键，然后确定
倒角尺寸。例如，绘制一个倒角距离为（5，5）的倒角矩形。

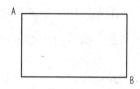

图 1-3-7　"矩形"命令
绘制矩形

命令执行过程如下：

```
命令：_rectang↙
指定第一个角点或 [倒角 (C)/标高 (E)/圆角 (F)/厚度 (T)/宽度 (W)]：c↙
指定矩形的第一个倒角距离 <0.0000>：5↙
指定矩形的第二个倒角距离 <5.0000>：5↙
指定第一个角点或 [倒角 (C)/标高 (E)/圆角 (F)/厚度 (T)/宽度 (W)]：
指定另一个角点或 [面积 (A)/尺寸 (D)/旋转 (R)]：
```

绘制结果如图 1-3-8 所示。

"圆角（F）"选项用于绘制圆角矩形。类似于倒角矩形，进入"矩形"命令后，
先输入"f"按 Enter 键，设置倒圆角的半径，然后再绘制图形。如图 1-3-9 所示为圆
角半径为 10 的矩形。请读者自己尝试绘制该圆角矩形。

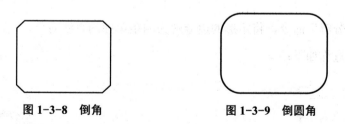

图 1-3-8　倒角　　　　　　　　　　图 1-3-9　倒圆角

矩形绘制的方法有 3 种：第一种是上述的通过两个角点绘制矩形，这是默认方法；
第二种是通过角点和边长确定矩形；第三种是通过面积来确认矩形。

②"分解"命令使用。"分解"命令用于将一个对象分解为多个单一的对象，主
要应用于对整体图形、图块、文字、尺寸标注等对象进行分解。选择"修改"→"分解"

命令，或单击"分解"按钮，或在命令行中输入"explode"，都可执行该命令。

命令执行过程如下：

```
命令：_explode↙
选择对象：                                          //选择需要分解的图形
```

2）绘制挡土墙平面图。

①先使用"矩形"命令，绘制外轮廓矩形。这里是通过角点和边长确定矩形。

命令执行过程如下：

```
命令：rec↙
RECTANG
指定第一个角点或 [倒角（C）/标高（E）/圆角（F）/厚度（T）/宽度（W）]：
                                    //在绘图窗口中单击鼠标确定矩形的角点
指定另一个角点或 [面积（A）/尺寸（D）/旋转（R）]：d↙
                               //输入"d"后按Enter键，通过边长确定矩形
指定矩形的长度 <150.0000>：150↙
指定矩形的宽度 <100.0000>：100↙
指定另一个角点或 [面积（A）/尺寸（D）/旋转（R）]：↙        //按Enter键退出
```

绘制结果如图1-3-10所示。

图1-3-10 通过角点和边长确定矩形

②使用"分解"命令，将矩形的边分解为四条单独的直线对象。

命令执行过程如下：

```
命令：_explode
选择对象：找到1个                                    //选择矩形为分解对象
选择对象：
```

③使用"偏移"命令和"修剪"命令，完成最后的绘制。该步骤同第一种方法，此处不再赘述。

（二）"构造线""多段线""删除""延伸"等命令的使用

通过绘制挡土墙平面图，我们学习了"直线""矩形"等绘图命令，以及"偏移""修剪"等修改命令。下面再来学习其他几个实用性较强的绘图和修改命令。

1. "构造线"命令

向两个方向无限延伸的直线称为构造线。构造线可用作创建其他对象的参照，通常使用构造线配合其他编辑命令来进行辅助绘图。

选择"绘图"→"构造线"命令，或单击"绘图"工具栏中的"构造线"按钮，或者在命令行中输入"xline"（或者"xl"），都可以执行该命令。

命令执行过程如下：

```
命令：_xline
指定点或 [水平 (H)/垂直 (V)/角度 (A)/二等分 (B)/偏移 (O)]:
```

其中，"水平（H）"和"垂直（V）"选项能创建经过指定点且与当前 UCS 的 X 轴或 Y 轴平行的构造线；"角度（A）"选项可以创建一条与参照线或水平轴成指定角度，并经过指定一点的构造线；"二等分（B）"选项可以创建一条等分某一角度的构造线；"偏移（O）"选项可以创建一条平行于基线且与其有一定距离的构造线。

下面利用"构造线"命令，创建三视图坐标轴：

```
命令：xl↙                                              //绘制水平线
XLINE
指定点或 [水平 (H)/垂直 (V)/角度 (A)/二等分 (B)/偏移 (O)]: h↙
指定通过点：
指定通过点：↙                                          //按 Enter 键退出
命令：xl↙                                              //绘制垂直线
XLINE
指定点或 [水平 (H)/垂直 (V)/角度 (A)/二等分 (B)/偏移 (O)]: v↙
指定通过点：
指定通过点：↙
命令：xl↙                                              //绘制 45°方向线
XLINE
指定点或 [水平 (H)/垂直 (V)/角度 (A)/二等分 (B)/偏移 (O)]: a↙
输入构造线的角度 (0) 或 [参照 (R)]: r↙
选择直线对象：                                          //选择垂直线为参照对象
输入构造线的角度 <0>: 45↙
指定通过点：                                            //指定 45°方向线通过的点
指定通过点：↙
```

最后再用"修剪"命令,将多余部分修剪掉,就可以得到三视图坐标轴,如图1-3-11所示。

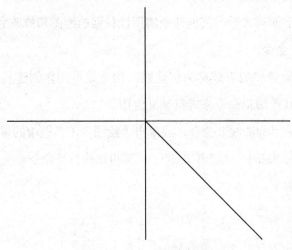

图1-3-11　三视图坐标轴

2. "多段线"命令

多段线可以由等宽或者不等宽的直线或者圆弧组成。由"多段线"命令绘制的图形被看作是一个整体。

选择"绘图"→"多段线"命令,或者单击"多段线"按钮 ,或在命令行中输入"pline"(或者"pl"),都可以执行该命令。

命令执行过程如下:

微课:多段线

```
命令: _pline
指定起点:                    //通过坐标方式或者鼠标拾取点方式确定多段线第一点
当前线宽为 0.0000
            //系统提示当前线宽,第1次使用显示默认线宽为0,多次使用显示上一次线宽
指定下一个点或[圆弧 (A)/半宽 (H)/长度 (L)/放弃 (U)/宽度 (W)]:
指定下一点或[圆弧 (A)/闭合 (C)/半宽 (H)/长度 (L)/放弃 (U)/宽度 (W)]:
```

【例1-3-1】利用"多段线"命令,绘制图1-3-12所示的两种箭头。

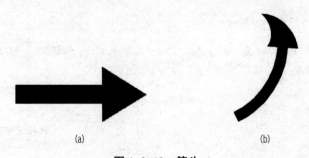

(a)   (b)

图1-3-12　箭头

绘制图 1-3-12（a）所示箭头的命令执行过程如下：

```
命令：pl↙
PLINE
指定起点：
当前线宽为 0.0000
指定下一个点或 [圆弧（A）/半宽（H）/长度（L）/放弃（U）/宽度（W）]：h↙
                                                    //设置线宽
指定起点半宽 <0.0000>：10↙                            //设置起点线宽
指定端点半宽 <10.0000>：10↙                           //设置终点线宽
指定下一个点或 [圆弧（A）/半宽（H）/长度（L）/放弃（U）/宽度（W）]：100↙
                                                    //设置长度，确定直线
指定下一点或 [圆弧（A）/闭合（C）/半宽（H）/长度（L）/放弃（U）/宽度（W）]：h↙
指定起点半宽 <10.0000>：30↙
指定端点半宽 <30.0000>：0↙
指定下一点或 [圆弧（A）/闭合（C）/半宽（H）/长度（L）/放弃（U）/宽度（W）]：50↙
指定下一点或 [圆弧（A）/闭合（C）/半宽（H）/长度（L）/放弃（U）/宽度（W）]：↙
```

绘制图 1-3-12（b）所示箭头的命令执行过程如下：

```
命令：_pline
指定起点：
当前线宽为 0.0000
指定下一个点或 [圆弧（A）/半宽（H）/长度（L）/放弃（U）/宽度（W）]：a↙
                                              //绘制圆弧指定圆弧的端点或
[角度（A）/圆心（CE）/方向（D）/半宽（H）/直线（L）/半径（R）/第二个点（S）/放弃（U）/宽度（W）]：h↙
指定起点半宽 <0.0000>：10↙                      //指定起点线宽
指定端点半宽 <10.0000>：10↙                     //指定终点线宽
指定圆弧的端点或 [角度（A）/圆心（CE）/方向（D）/半宽（H）/直线（L）/半径（R）/
第二个点（S）/放弃（U）/宽度（W）]：a↙            //输入"a"
指定包含角：60↙                                //输入角度，确定圆弧
指定圆弧的端点或 [圆心（CE）/半径（R）]：          //确定圆弧端点
指定圆弧的端点或 [角度（A）/圆心（CE）/闭合（CL）/方向（D）/半宽（H）/直线（L）/半径（R）
/第二个点（S）/放弃（U）/宽度（W）]：h↙
指定起点半宽 <10.0000>：30↙
指定端点半宽 <30.0000>：0↙
指定圆弧的端点或
[角度（A）/圆心（CE）/闭合（CL）/方向（D）/半宽（H）/直线（L）/半径（R）/第二个点（S）
/放弃（U）/宽度（W）]：
指定圆弧的端点或
[角度（A）/圆心（CE）/闭合（CL）/方向（D）/半宽（H）/直线（L）/半径（R）/第二个点（S）
/放弃（U）/宽度（W）]：↙
```

3. "删除"命令

对于画错的图形或者多余的图形，需要使用"删除"命令进行删除。"删除"命令使用方法为：选择"修改"→"删除"命令，或单击"删除"按钮 ✎ ，或在命令行中输入"erase"（或者"e"），都可以执行该命令。

命令执行过程如下：

```
命令：_erase
选择对象：                        // 在绘图窗口选择需要删除的对象（构造删除对象集）
选择对象：↙                       // 按 Enter 键完成对象选择，并同时完成对象删除
```

4. "延伸"命令

"延伸"命令与"修剪"命令是一对相反的命令。"延伸"命令可以将选定的直线、射线、圆弧、椭圆弧等对象延伸至指定的边界上。

"延伸"命令的使用方式为：选择"修改"→"延伸"命令，或单击"延伸"按钮 ⟶ ，或在命令行中输入"extend"，都可以执行该命令。

微课：延伸、阵列

【例1-3-2】使用"延伸"命令将直线 S 延伸至直线 M 处，如图 1-3-13 所示。

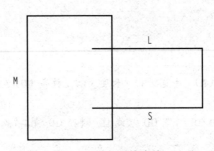

图1-3-13　延伸直线

命令执行过程如下：

```
命令：_extend
当前设置：投影 =UCS，边 = 无
选择边界的边 ...                              // 选择直线 M 为延伸边界
选择对象或 < 全部选择 >：找到 1 个
选择对象：                                   // 选择直线 S 为延伸对象
选择要延伸的对象，或按住 Shift 键选择要修剪的对象，或
[栏选（F）/窗交（C）/投影（P）/边（E）/放弃（U）]：
选择要延伸的对象，或按住 Shift 键选择要修剪的对象，或
[栏选（F）/窗交（C）/投影（P）/边（E）/放弃（U）]：↙
```

绘制结果如图 1-3-14 所示。

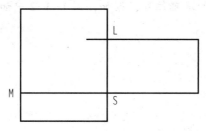

图 1-3-14　延伸直线 S 到 M

注意：选择了延伸的边界后，如果按住 Shift 键，"延伸"命令就会变成"修剪"命令。而如果是"修剪"命令，选择了修剪边界后，按住 Shift 键，"修剪"命令就会变成"延伸"命令。

5．"移动"命令

"移动"命令可以用来移动图形的位置。使用"移动"命令的方式为：选择"修改"→"移动"命令，或单击"移动"按钮✛，或在命令行中输入"move"（或者"m"），都可以执行该命令。

命令执行过程如下：

命令：_move
选择对象：　　　　　　　　　　　　　　　　　//选择需要移动的对象
选择对象：↙　　　　　　　　　　　　　　　　// 按 Enter 键，完成选择
指定基点或 [位移（D）] < 位移 >：　　　　//输入绝对坐标或者利用鼠标拾取点作为基点
指定第二个点或 < 使用第一个点作为位移 >：
　　　　　　　　　　　　　//输入相对或绝对坐标，或者拾取点，确定移动的目标位置点

【例 1-3-3】如图 1-3-15 所示，将矩形从 A 点移动到 B 点。

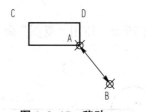

图 1-3-15　移动

微课：移动、
复制、偏移

命令执行过程如下：

命令：m↙
MOVE
选择对象：找到 1 个　　　　　　　　　　　　//选择矩形为移动对象
选择对象：↙　　　　　　　　　　　　　　　// 按 Enter 键确认
指定基点或 [位移（D）]< 位移 >：指定第二个点或 < 使用第一个点作为位移 >：
　　　　　　　　　　　　//指定 C 点为基点，并拖动鼠标移动到 B 点位置

绘制结果如图 1-3-16 所示。

注意： 基点影响图形的准确位置，例如，例 1-3-2 中如果以 D 点为基点，则最后结果如图 1-3-17 所示。

图 1-3-16　矩形从 A 点移动到 B 点　　　　图 1-3-17　矩形从 D 点移动到 B 点

6. "复制" 命令

同样的图形可以用 "复制" 命令进行绘制。选择 "修改" → "复制" 命令，或在 "修改" 工具栏中单击 "复制" 按钮 ，或在命令行中输入 "copy"（或者 "co"），都可以执行 "复制" 命令。"复制" 命令可以将对象复制多次。

命令执行过程如下：

```
命令: _copy
选择对象:                              // 在绘图窗口选择需要复制的对象
选择对象: ↙                           // 按 Enter 键，完成对象选择
指定基点或 [ 位移 (D)]< 位移 >:       // 在绘图窗口拾取或输入坐标，确认复制对象的基点
指定第二个点或 < 使用第一个点作为位移 >:   // 在绘图窗口拾取或输入坐标，确定位移点
指定第二个点或 [ 退出 (E)/放弃 (U)]< 退出 >:   // 对图形对象进行多次复制
指定第二个点或 [ 退出 (E)/放弃 (U)]< 退出 >: ↙   // 按 Enter 键，完成复制
```

【例 1-3-4】 如图 1-3-18 所示，使用 "复制" 命令将 A 点的圆复制到 B、C、D 三点上。

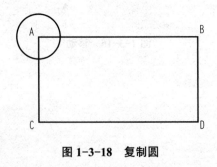

图 1-3-18　复制圆

命令执行过程如下：

命令：co↙
COPY
选择对象：找到 1 个　　　　　　　　　　　　　// 选择在 A 点的圆为复制对象
选择对象：↙　　　　　　　　　　　　　　　　// 按 Enter 键，确认复制对象
当前设置：复制模式 = 多个
指定基点或 [位移（D）/ 模式（O）]< 位移 >：指定第二个点或 < 使用第一个点作为位移 >：
　　　　　　　　　　　　　　　　　　　　　　　// 选择 A 点为基点
指定第二个点或 [退出（E）/ 放弃（U）]< 退出 >：　　　　// 鼠标拖动到 B 点
指定第二个点或 [退出（E）/ 放弃（U）]< 退出 >：　　　　// 鼠标拖动到 C 点
指定第二个点或 [退出（E）/ 放弃（U）]< 退出 >：
　　　　　　　　　　　　　　　// 鼠标拖动到 D 点，然后按 Enter 键，完成复制

绘制结果如图 1-3-19 所示。

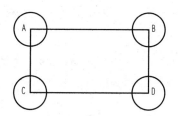

图 1-3-19　复制 A 点的圆到 B、C、D 点

二、绘制平交道路

（一）平交道路绘制方法

若绘制图 1-3-20 所示的平交道路，除使用前面学过的"直线"命令、"偏移"命令外，还需要使用"圆"命令、"正多边形"命令、"圆弧"命令、"圆角"命令、"旋转"命令等。

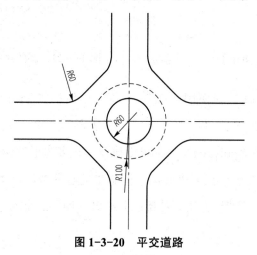

图 1-3-20　平交道路

（1）"圆"命令、"正多边形"命令的使用。

1）"圆"命令的使用。选择"绘图"→"圆"菜单下的级联菜单命令，或单击"圆"按钮 ，或在命令行输入"circle"（或者"c"），都可以执行"圆"命令。

微课：圆

命令执行过程如下：

```
命令：_circle
指定圆的圆心或[三点(3P)/两点(2P)/相切、相切、半径(T)]:
```

圆的默认绘制方法是通过确定圆心和半径的方式来绘制。

【例1-3-5】绘制一个半径为100的圆。

命令执行过程如下：

```
命令：c
CIRCLE
指定圆的圆心或[三点（3P）/两点（2P）/相切、相切、半径（T）]:      //确定圆心
指定圆的半径或[直径（D）]<30.0000>: 100✓                    //确定半径
```

绘制结果如图1-3-21所示。

除此之外，还有5种方式可以绘制圆。在"绘图"→"圆"菜单下的级联菜单中提供了所有绘制圆的方法，如图1-3-22所示。

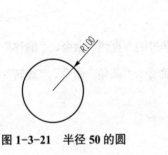

图1-3-21 半径50的圆

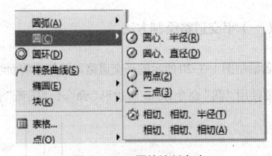

图1-3-22 圆的绘制方法

2）"正多边形"命令的使用。绘制正多边形包括绘制等边三角形、正方形、正五边形等图形。通过选择"绘图"→"正多边形"命令，或单击"正多边形"按钮 ⬠，或在命令行输入"polygon"，都可以执行"正多边形"命令。

在AutoCAD中，要绘制正多边形，一种方法是通过确定与多边形相关的内切圆或者外接圆的半径来绘制（默认方式为外接圆）；另一种方法是通过确定多边形的边长来绘制。

【例 1-3-6】绘制一个正五边形（该正五边形内接于半径为 100 的圆）。

命令执行过程如下：

```
命令：_polygon
输入边的数目 <4>：5↙                                        //确定多边形边数
指定正多边形的中心点或 [边（E）]：<对象捕捉 开>
输入选项 [内接于圆（I）/外切于圆（C）]<C>：I↙              //确定内接于圆
指定圆的半径：100↙                                          //确定圆半径
```

绘制结果如图 1-3-23 所示。

注意：如果是通过确定边长的方式来绘制正多边形，则在
确定了正多边形边数后输入"e"。

（2）绘制平交道路的大轮廓。

1）用"直线"命令绘制两条相互垂直的直线，这两条直
线是道路的中心线；使用"偏移"命令，绘制出道路轮廓线。注意，偏移操作完成后，
要将中心线线型设置为点画线，道路轮廓线线型设置为实线，线宽设置为 0.35 mm。

图 1-3-23 绘制正五边形

命令执行过程如下：

```
命令：_line
指定第一点：
指定下一点或 [放弃（U）]：500↙
指定下一点或 [放弃（U）]：
命令：_line
指定第一点：
指定下一点或 [放弃（U）]：500↙
指定下一点或 [放弃（U）]：
命令：offset
当前设置：删除源 = 否   图层 = 源   OFFSETGAPTYPE=0
指定偏移距离或 [通过（T）/删除（E）/图层（L）]<通过>：25↙     //设置偏移距离
选择要偏移的对象，或 [退出（E）/放弃（U）]<退出>：
指定要偏移的那一侧上的点，或 [退出（E）/多个（M）/放弃（U）]<退出>：
                                                            //向中心线两边偏移
```

绘制结果如图 1-3-24 所示。

2）先画一个半径为 60 的圆，再使用"偏移"
命令，向外偏移复制两个圆。接着，再画一个正四
边形。

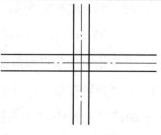

图 1-3-24 绘制平交道路大轮廓

命令执行过程如下：

命令：circle
指定圆的圆心或 [三点（3P）/两点（2P）/相切、相切、半径（T）]：　　//中心线交点为圆心
指定圆的半径或 [直径（D）]：60✓
命令：offset
当前设置：删除源=否　图层=源　OFFSETGAPTYPE=0
指定偏移距离或 [通过（T）/删除（E）/图层（L）]<25.0000>：20✓
选择要偏移的对象，或 [退出（E）/放弃（U）]<退出>：　　　　　　　　//向外偏移
指定要偏移的那一侧上的点，或 [退出（E）/多个（M）/放弃（U）]<退出>：
选择要偏移的对象，或 [退出（E）/放弃（U）]<退出>：　　//选择第二个圆，继续向外偏移
指定要偏移的那一侧上的点，或 [退出（E）/多个（M）/放弃（U）]<退出>：
选择要偏移的对象，或 [退出（E）/放弃（U）]<退出>：✓
命令：_polygon
输入边的数目 <4>：
指定正多边形的中心点或 [边（E）]：
输入选项 [内接于圆（I）/外切于圆（C）]<I>：c✓
指定圆的半径：70✓

绘制结果如图 1-3-25 所示。

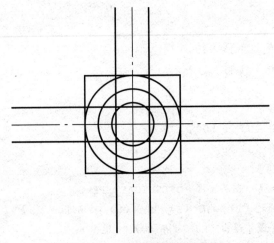

图 1-3-25　绘制圆和正四边形

（3）要完成平交道路，还需要用到"旋转""圆角"等命令。

1）"旋转"命令的使用。"旋转"命令可以改变对象的方向，并按指定的基点和角度定位新的方向。用户可以通过选择"修改"→"旋转"命令，或单击"旋转"按钮，或在命令行中输入"rotate"（或者"ro"）来执行该命令。

微课：分解、旋转

命令执行过程如下：

```
命令：_rotate
UCS 当前的正角方向：ANGDIR= 逆时针   ANGBASE=0
选择对象：                                    // 选择需要旋转的对象
选择对象：↙                                  // 按 Enter 键，完成选择
指定基点：                        // 输入绝对坐标或者在绘图窗口拾取点作为基点
指定旋转角度，或 [ 复制 (C) / 参照 (R) ]<0>：
                                  // 输入需要旋转的角度，按 Enter 键完成旋转
```

注意：旋转角度有正负之分。沿逆时针方向旋转对象为正，沿顺时针方向旋转对象为负。

2）"圆角"命令的使用。选择"修改"→"圆角"命令，或单击"圆角"按钮，或在命令行中输入"fillet"，都可以执行"圆角"命令。激活"圆角"命令后，先设定半径参数，再指定角的两条边，即可完成对这个角的圆角操作。

命令执行过程如下：

```
命令：_fillet
当前设置：模式 = 修剪，半径 =0.0000
选择第一个对象或 [ 放弃 (U) / 多段线 (P) / 半径 (R) / 修剪 (T) / 多个 (M)]：r↙
                                          // 输入 "r" 设置圆角半径
指定圆角半径 <0.0000>：                      // 输入圆角半径
选择第一个对象或 [ 放弃 (U) / 多段线 (P) / 半径 (R) / 修剪 (T) / 多个 (M)]：
                                          // 选择第一个圆角对象
选择第二个对象，或按住 Shift 键选择要应用角点的对象：  // 选择第二个圆角对象
```

3）使用"旋转"命令和"圆角"命令完成平交道路的绘制。

①使用"旋转"命令旋转图 1-3-25 中的正方形。

命令执行过程如下：

```
命令：ro↙
ROTATE
UCS 当前的正角方向：ANGDIR= 逆时针   ANGBASE=0
选择对象：找到 1 个↙                        // 选择正方形为旋转对象
指定基点：                                  // 指定圆心为基点
指定旋转角度，或 [ 复制 (C) / 参照 (R) ]<0>：45↙     // 指定旋转角度
```

绘制结果如图 1-3-26 所示。

②使用"修剪"命令，将多余的部分修剪掉。修剪结果如图 1-3-27 所示。

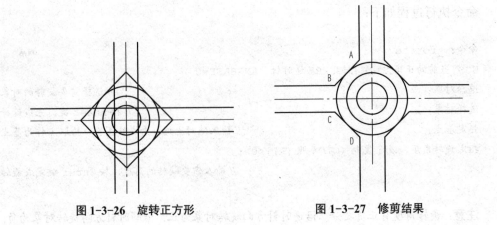

图 1-3-26 旋转正方形　　　　　　　　　　图 1-3-27 修剪结果

③使用"圆角"命令将 A、B、C、D 等处变为弧线连接。先用"圆角"命令，将 A 处变为弧线连接。

命令执行过程如下：

```
命令：_fillet
当前设置：模式 = 修剪，半径 =0.0000
选择第一个对象或 [放弃（U）/多段线（P）/半径（R）/修剪（T）/多个（M）]：r
                                              //输入"r"，设置圆角半径
指定圆角半径 <30.0000>：30
选择第一个对象或 [放弃（U）/多段线（P）/半径（R）/修剪（T）/多个（M）]：
                                              //选择第一个圆角对象
选择第二个对象，或按住 Shift 键选择要应用角点的对象：  //选择第二个圆角对象
```

以此类推，可以在其他几处使用"圆角"命令。最后，将最大的圆删除，即完成了平交道路的绘制。

绘制结果如图 1-3-28 所示。

（二）"圆弧""倒角""椭圆"等命令的使用

通过绘制平交道路，我们学习了"圆""正多边形"等绘图命令，以及"旋转""圆角"等修改命令。下面再来学习其他几个实用性较强的绘图和修改命令

1. "圆弧"命令

选择"绘图"→"圆弧"菜单下的级联菜单命令，或单击"圆弧"按钮，或在命令行中输入"arc"（或者"a"），都可以执行"圆弧"命令。

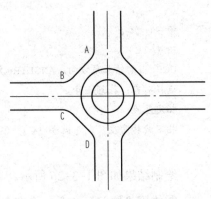

图 1-3-28 绘制结果

在 AutoCAD 中，圆弧的默认绘制方式为指定 3 个通过圆弧且不共线的点来绘制 [图 1-3-29（a）]。除此之外，还有其他 10 种方式可以绘制圆弧。如图 1-3-29（b）所示的圆弧，已知角度和半径，则可以用"圆心、起点、角度"或者"起点、端点、半径"等方法绘制。所有的绘制方法都可以在"绘图"→"圆弧"菜单下的级联菜单中找到，如图 1-3-29（c）所示。

微课：圆弧

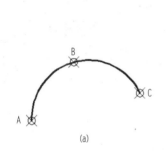

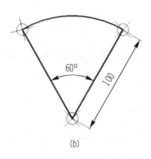

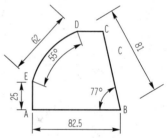

(a)   (b)   (c)

图 1-3-29　绘制圆弧方法

注意： 在角度为绘制圆弧的参数之一时，若输入的角度为正，则按逆时针方向绘制圆弧；若输入的角度为负，则按顺时针方向绘制圆弧。而以长度为参数绘制时，若输入的值为正，则绘制小圆弧；若输入的值为负，则绘制大圆弧。

图 1-3-30　绘制图形

【例 1-3-7】 绘制如图 1-3-30 所示的图形。

分析： 由图 1-3-30 可知，直线 AE、直线 AB 可用"直线"命令绘制，但是直线 BC 和直线 CD 没有给出具体尺寸，故不能用"直线"命令直接绘制。从图 1-3-30 中可知直线 ED 和直线 BD 之间的距离，由此，可以以 E 点为圆心绘制一个半径为 62 的圆，再以 B 点为圆心，绘制一个半径为 81 的圆。这两个圆的交点，就是 D 点。从 D 点绘制一条水平线，从 B 点绘制一条与直线 AB 夹角为 77° 的直线，两直线的交点即为 C 点，则直线 CD 和直线 BD 绘制完成。最后用"圆弧"命令，便能绘制出圆弧 ED。

【解】 ①绘制直线 AE 和直线 AB。

命令执行过程如下：

```
命令：_line
指定第一点：
指定下一点或 [放弃 (U)]：< 正交 开 >25✓
指定下一点或 [放弃 (U)]：82.5✓
指定下一点或 [闭合 (C)/放弃 (U)]：✓
```

绘制结果如图 1-3-31 所示。

②通过绘制半径为 62 和 81 的圆，找到 D 点。

命令执行过程如下：

图 1-3-31　绘制直线 AE 和 AB

```
命令：c↙
CIRCLE
指定圆的圆心或 [三点（3P）/两点（2P）/相切、相切、半径（T）]：
指定圆的半径或 [直径（D）]：62↙
命令：C↙
CIRCLE
指定圆的圆心或 [三点（3P）/两点（2P）/相切、相切、半径（T）]：
指定圆的半径或 [直径（D）]<62.0000>：81↙
```

绘制结果如图 1-3-32 所示。

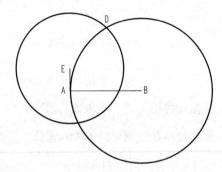

图 1-3-32　通过绘制圆找到 D 点

③用 "直线" 命令绘制一条水平线和一条与直线 AB 夹角为 77° 的直线。

过 D 点作一条水平线，命令执行过程如下：

```
命令：_line
指定第一点：
指定下一点或 [放弃（U）]：100↙
指定下一点或 [放弃（U）]：*取消*
```

过 B 点作一条直线，命令执行过程如下：

```
命令：l↙
LINE
指定第一点：
指定下一点或 [放弃（U）]：@200<103↙
指定下一点或 [放弃（U）]：*取消*
```

绘制结果如图 1-3-33 所示。

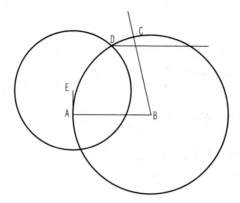

图 1-3-33   绘制直线 BC

④用"删除"命令，删除作为辅助的两个圆，再用修剪命令，修剪掉 CD 和 BC 多余的部分。

⑤修剪完毕后，再用"圆弧"命令绘制圆弧 ED。根据图中的信息，可以用"圆弧"菜单中的"起点、端点、角度"级联菜单命令。注意，E 点为起点，D 点为端点。

命令执行过程如下：

```
命令：_arc
指定圆弧的起点或 [ 圆心（C）]：
指定圆弧的第二个点或 [ 圆心（C）/端点（E）]：_e
指定圆弧的端点：
指定圆弧的圆心或 [ 角度（A）/ 方向（D）/ 半径（R）]：_a 指定包含角：55↙
```

绘制结果如图 1-3-34 所示。

2. "倒角"命令

选择"修改"→"倒角"命令，或单击"倒角"按钮，或在命令行中输入"chamfer"，都可以执行"倒角"命令。执行"倒角"命令后，需要依次指定角的两边、设定倒角在两条边上的距离。倒角的尺寸就由这两个距离来决定。

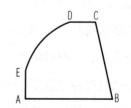

图 1-3-34   完成图形绘制

【例 1-3-8】绘制如图 1-3-35 所示的路缘石。

①用"直线"命令绘制一个边长为 20 的正方形，绘制结果如图 1-3-36 所示。

微课：倒角、圆角、
拉伸、拉长

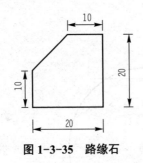

图 1-3-35　路缘石

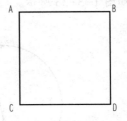

图 1-3-36　边长 20 的正方形

②使用"倒角"命令。命令执行过程如下：

```
命令：_chamfer
（"修剪"模式）当前倒角距离 1=0.0000，距离 2=0.0000
选择第一条直线或 [放弃 (U) /多段线 (P) /距离 (D) /角度 (A) /修剪 (T) /方式 (E) /多个 (M)]：d↙
                                          // 输入 d，设置倒角距离
指定第一个倒角距离 <10.0000>：10↙        // 设置第一个倒角距离
指定第二个倒角距离 <10.0000>：10↙        // 设置第二个倒角距离
选择第一条直线或 [放弃(U)/多段线(P)/距离(D)/角度(A)/修剪(T)/方式(E)/多个(M)]：
                                          // 选择 AB 为第一条倒角直线
选择第二条直线，或按住 Shift 键选择要应用角点的直线：  // 选择 AC 为第二条倒角直线
```

绘制结果如图 1-3-37 所示。

3. "椭圆"命令

选择"绘图"→"椭圆"子菜单中的命令，或单击"椭圆"按钮◐，或在命令行中输入"ellipse"，都可以执行"椭圆"命令。

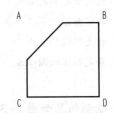

图 1-3-37　路缘石绘制完成

AutoCAD 提供了以下 3 种绘制椭圆的方法：

①通过选择"绘图"→"椭圆"→"中心点"命令，指定椭圆中心、一个轴的端点（主轴）及另一个轴的半轴长度绘制椭圆。

②通过选择"绘图"→"椭圆"→"轴、端点"命令，指定一个轴的两个端点（主轴）和另一个轴的半轴长度绘制椭圆。

③通过一条轴的两个端点和旋转角度来绘制椭圆。首先确定中心点、端点，然后输入"r"按 Enter 键，再输入角度就可以绘制椭圆了。注意：旋转角度为 0°～ 89.4°。

【例 1-3-9】试用"椭圆"命令绘制图 1-3-38 所示的桥梁锥坡平面图。

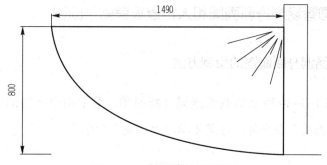

图 1-3-38　桥梁锥坡平面图

①用"直线"命令绘制长度为 1 490 和 800 的直线，再通过绘制椭圆并修剪的方式，绘制出锥坡平面图。直线绘制比较简单，此处不再详述。

命令执行过程如下：

```
命令：_ellipse
指定椭圆的轴端点或 [圆弧（A）/中心点（C）]：c↙          //输入命令 "c"
指定椭圆的中心点：                                      //旋转 B 点为圆心
指定轴的端点：                                          //选择 A 点
指定另一条半轴长度或 [旋转（R）]：                       //选择 C 点
```

绘制结果如图 1-3-39 所示。

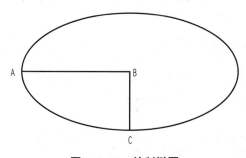

图 1-3-39　绘制椭圆

②通过"修剪"命令就可得到锥坡平面的轮廓，再用"直线"命令画出示坡线即可完成图纸绘制。还有另一种椭圆弧的方法也可以绘制锥坡平面图，读者可自行练习。

三、绘制圆管涵洞身断面图和人行道板铺砌平面图

（一）圆管涵洞身断面图的绘制方法

要绘制如图 1-3-40 所示的圆管涵洞身断面图，除上面学习过的"直线"命令、"圆"命令、"修剪"命令外，还需要学习"填充"命令。

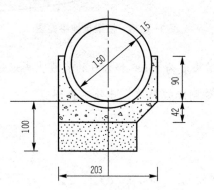

图 1-3-40　圆管涵洞身断面图

单击"绘图"工具栏中的"填充图案"按钮，或者选择"绘图"→"填充图案"命令，都可以弹出如图 1-3-41 所示的"图案填充和渐变色"对话框。用户可以在对话框中的各选项卡中设置相应的参数，为相应的图形创建图案填充。

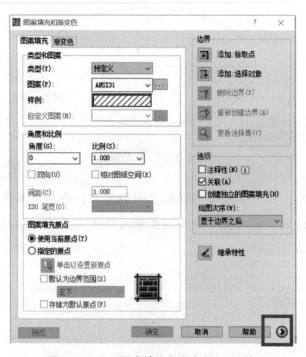

图 1-3-41　"图案填充和渐变色"对话框

单击"图案填充和渐变色"对话框右下角的按钮，对话框可变为图 1-3-42 所示的形式。

在进行图案填充时，内部闭合边界称为孤岛。AutoCAD 允许以拾取点的方式确定填充边界，即在希望填充的区域内任意拾取一点，AutoCAD 会自动确定填充边界，同时也确定该边界内的填充范围。如果用户是以选择对象的方式确定填充边界的，则必须在绘图窗口中通过鼠标确切地拾取填充对象的边界轮廓线。

要进行图案填充，首先要了解边界。AutoCAD 定义边界的对象包括直线、射线、多段线、圆、圆弧、椭圆、椭圆弧、面域等对象或用这些对象定义的块，而且作为边界的对象在当前屏幕上必须全部可见。用户可以通过单击"图案填充和渐变色"对话框中的"添加：拾取点"按钮或者"添加：选择对象"按钮回到绘图区域，选择需要填充的对象。

图 1-3-42　"图案填充和渐变色"对话框扩展选项

在"图案填充和渐变色"对话框中，"类型和图案"选项组用来设置填充的图案，单击"图案"后的"浏览"按钮，系统将弹出如图 1-3-43 所示的"填充图案选项板"对话框，在这个对话框内可以设置填充图案。

下面开始绘制圆管涵洞身断面图：

（1）用"直线"命令、"圆"命令和"修剪"命令等绘制出圆管涵洞身外轮廓，如图 1-3-44 所示。

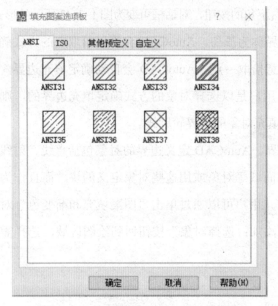

图 1-3-43 "填充图案选项板"对话框

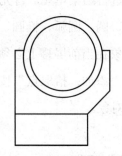

图 1-3-44 绘制圆管涵洞身外轮廓

（2）填充圆管涵洞身。选择"填充"命令后，在弹出的对话框中单击"添加：拾取点"或者"添加：选择对象"按钮，在绘图窗口中选择需要填充的对象。因为洞身断面需要不同图案填充，所以需要填充两次。第一次选择中部作为填充边界，填充图案设置如图 1-3-45 所示。应注意的是，这里需要调整比例，否则填充图案太大，将导致图形中几乎看不出有填充效果。

设置好以后，其填充效果如图 1-3-46 所示。

图 1-3-45 管涵中部填充图案设置

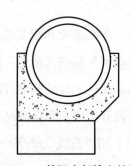

图 1-3-46 管涵中部填充效果

第二次为下部填充，其填充图案设置及填充效果如图1-3-47所示。

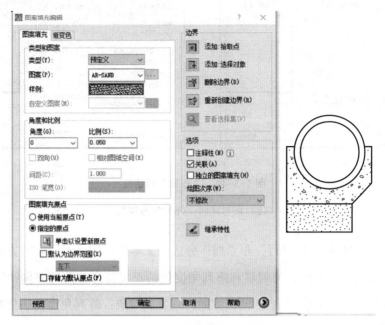

图 1-3-47 管涵下部填充图案设置及填充效果

（二）人行道板铺砌平面图的绘制方法

绘制如图1-3-48所示两种人行道板铺砌平面图，除需要用到"直线"命令、"矩形"命令等外，为了能高效率地绘制图形，还需要用到"阵列"命令、"缩放"命令。

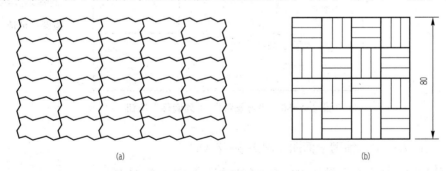

（a）　　　　　　　　　　　　　（b）

图 1-3-48 人行道板铺砌平面图

（a）第一种人行道板铺砌平面图；（b）第二种人行道板铺砌平面图

（1）绘制第一种人行道板铺砌平面图。这里，先来学习"阵列"命令。

1）"阵列"命令。"阵列"命令可以一次复制多个在X轴或在Y轴上等间距分布，或者围绕一个中心旋转的图形。"阵列"命令的使用方法是：选择"修改"→"阵列"命令，或在"修改"工具栏中单击"阵列"按钮▦，或在命令行中输入"array"（或者"ar"）后，系统将弹出如图1-3-49所示的"阵列"对话框。

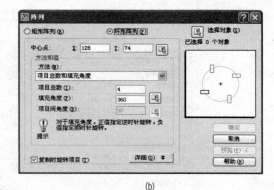

(a)   (b)

图 1-3-49　"阵列"对话框

（a）矩形阵列；（b）环形阵列

在"阵列"对话框中，"行"和"列"旁边的文本框，用来设置在行方向和列方向复制图形的数量。行偏移、列偏移和阵列角度值的正负将影响阵列方向；行偏移值和列偏移值为正值将沿 X 轴或者 Y 轴正方向阵列复制对象；阵列角度为正值则沿逆时针方向阵列复制对象，负值则相反。如果是通过单击按钮（图 1-3-50），在绘图窗口中通过鼠标拾取点设置偏移距离和方向，则给定点的前后顺序将确定偏移的方向。

微课：延伸、阵列

图 1-3-50　"行偏移"/"列偏移"按钮

2）绘制人行道板铺砌平面图［图 1-3-48（a）］。

①使用"直线"命令绘制出单个人行道板，如图 1-3-51 所示。

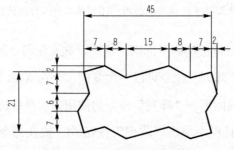

图 1-3-51　绘制单个人行道板

②使用"阵列"命令，完成人行道板的铺砌。

命令执行过程如下：

```
命令：ar↙
ARRAY
```

③在弹出的"阵列"对话框中，通过"选择对象"按钮，选择已经绘制好的单个人行道板。然后，再在对话框中按如图1-3-52所示进行设置。

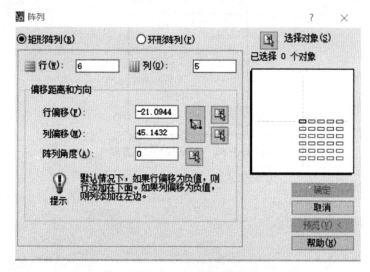

图1-3-52　阵列设置

其中，行偏移和列偏移是通过单击"行偏移"/"列偏移"按钮，在绘图窗口中通过拾取点之间的距离进行设置的。行偏移是拾取A点到C点的距离；列偏移是拾取A点到B点的距离。绘制结果如图1-3-53所示。

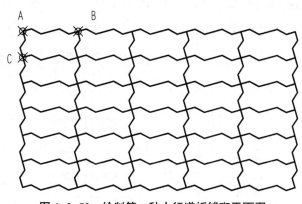

图1-3-53　绘制第一种人行道板铺砌平面图

（2）绘制第二种人行道板铺砌平面图。这里，先来学习"缩放"命令。

1）"缩放"命令。"缩放"命令可以将图形对象按比例放大或缩小。通过指定基点和长度（被用作基于当前图形单位的比例因子）或输入比例因子来缩放对象，也可以为对象指定当前长度和新长度。大于 1 的比例因子使对象放大，介于 0～1 之间的比例因子使对象缩小。选择"修改"→"缩放"命令，或单击"缩放"按钮，或在命令行中输入"scale"（或者"sc"），都可以执行该命令。

【例 1-3-10】将图 1-3-54 所示边长为 100 的正方形缩小一半。

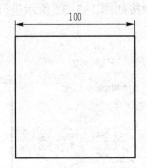

图 1-3-54　边长 100 的正方形

命令执行过程如下：

命令：sc↙
SCALE
选择对象：找到 1 个　　　　　　　　　　　　//选择正方形作为缩放对象
选择对象：↙　　　　　　　　　　　　　　　//按 Enter 键确认
指定基点：　　　　　　　　　　　　　　　　//指定缩放基点
指定比例因子或 [复制（C）/参照（R）]<1.0000>：0.5↙　　//指定缩放比例因子

绘制结果如图 1-3-55 所示。

2）绘制人行道板铺砌平面图 [图 1-3-48（b）]。

①使用"直线"和"偏移"命令绘制出单个人行道板。因为原图中的人行道板只给出总尺寸，没有给出单个尺寸，所以，这里可以自行假设单个人行道板的尺寸，如图 1-3-56 所示。

图 1-3-55　边长 50 的正方形

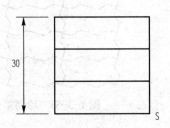

图 1-3-56　绘制单个人行道板

②使用两次"环形阵列"命令。第一次"环形阵列"命令，对话框中参数设置如图1-3-57所示。

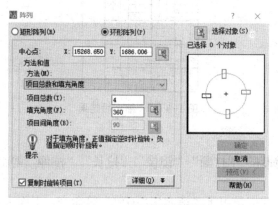

图1-3-57　环形阵列设置

注意：中心点需要单击"中心点"按钮，在绘图窗口拾取图1-3-56中的S点的坐标。

绘制结果如图1-3-58所示。

③再次使用"环形阵列"命令。

注意：中心点需要拾取图1-3-58中的M点的坐标。

绘制结果如图1-3-59所示。

图1-3-58　第一次环形阵列结果

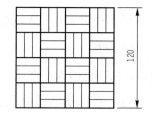

图1-3-59　第二次环形阵列结果

④因为原图的尺寸总长为80，而现在绘制出来的图形总尺寸为120。故需要使用"缩放"命令，将尺寸缩小为80。

命令执行过程如下：

```
命令：sc↙
SCALE
选择对象：指定对角点：找到128个
选择对象：↙
指定基点：
指定比例因子或［复制（C）/参照（R）］<0.5000>：r↙        //输入"r"
指定参照长度<1.0000>：                                  //拾取A点
指定第二点：                                            //拾取B点
指定新的长度或［点（P）］<1.0000>：80↙                  //输入新的尺寸80
```

绘制结果如图 1-3-60 所示。

图 1-3-60　缩小后结果

（三）"点""圆环""打断""镜像""拉长""拉伸"等命令的使用

通过前述案例，我们学习了"填充""缩放"等命令，下面再来学习其他几个实用性较强的绘图和修改命令。

1. 点命令

（1）点样式。点是 AutoCAD 中最小的图形单元。一般情况下，点是看不见的，所以，需要设置点样式。选择菜单栏中"格式"→"点样式"命令，系统将弹出如图 1-3-61 所示的"点样式"对话框。在该对话框中可以设置点的显示形状和点大小。AutoCAD 系统提供了 20 种点的样式供用户选择。

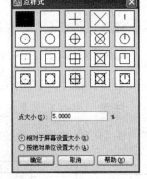

图 1-3-61　"点样式"对话框

设置点样式后，点的大小并没有改变，但是可以以可见的方式显示出来。

（2）绘制点。选择菜单栏中"绘图"→"点"→"单点"命令，或在命令行中输入"point"，或单击"绘图"工具栏中的"点"按钮，都可以执行"点"命令。选择"绘图"→"点"→"多点"命令可以同时绘制多个点。

微课：点

命令执行过程如下：

```
命令: _point
当前点模式: PDMODE=0  PDSIZE=0.0000
指定点:                        //要求用户输入点的坐标
```

对于"点"命令来说，常用的是其中的"定数等分"和"定距等分"功能。

【例 1-3-11】将图 1-3-62 中的圆弧等分为 5 份。

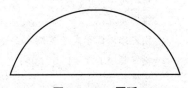

图 1-3-62　圆弧

· 58 ·

在菜单栏中选择"绘图"→"点"→"定数等分"命令。

命令执行过程如下：

命令：_divide
选择要定数等分的对象：　　　　　　　　　　　　　　//选择圆弧作为等分对象
输入线段数目或 [块（B）]：5✓　　　　　　　　　　//输入等分数量

绘制结果如图 1-3-63 所示。

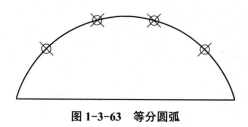

图 1-3-63　等分圆弧

【例 1-3-12】将图 1-3-64 中的直线，按每段长度为 20 进行等分。

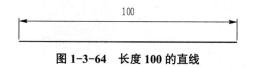

图 1-3-64　长度 100 的直线

在菜单栏中选择"绘图"→"点"→"定距等分"命令。

命令执行过程如下：

命令：_measure
选择要定距等分的对象：　　　　　　　　　　　　　　//选择圆弧作为等分对象
指定线段长度或 [块（B）]：20✓　　　　　　　　　 //输入等分长度

绘制结果如图 1-3-65 所示。

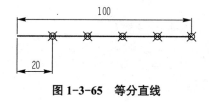

图 1-3-65　等分直线

2. "圆环"命令

圆环由内、外两个圆组成，是一个填充环或实体填充圆。要创建圆环，需要设定它的内外直径和圆心。通过指定不同的中心点，可以继续创建具有相同直径的多个副本。

选择"绘图"→"圆环"命令，或在命令行中输入"donut"，都可以执行"圆环"命令。

【例 1-3-13】绘制如图 1-3-66 所示的两个圆环。

图 1-3-66　圆环

命令执行过程如下：

```
命令：_donut
指定圆环的内径 <0.5000>：10↙                    //设置圆环内径
指定圆环的外径 <1.0000>：20↙                    //设置圆环外径
指定圆环的中心点或 <退出>：           //指定圆心（可以在绘图窗口通过鼠标指定）
指定圆环的中心点或 <退出>：                      //指定圆心
指定圆环的中心点或 <退出>：↙
```

【例 1-3-14】使用"圆环"命令，绘制如图 1-3-67 所示的图形。

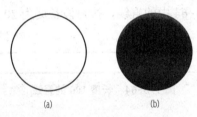

(a)　　　　　　　　(b)

图 1-3-67　【例 1-3-11】图

绘制图 1-3-67（a）的命令执行过程如下：

```
命令：_donut
指定圆环的内径 <0.0000>：10↙
指定圆环的外径 <0.0000>：10↙
指定圆环的中心点或 <退出>：
指定圆环的中心点或 <退出>：↙
```

绘制图 1-3-67（b）的命令执行过程如下：

```
命令：_donut
指定圆环的内径 <10.0000>：0↙
指定圆环的外径 <10.0000>：10↙
指定圆环的中心点或 <退出>：
指定圆环的中心点或 <退出>：↙
```

注意：圆环中填充模式与 FILLMODE 变量的设定有关，当 FILLMODE 为 0 时，圆环不显示填充；当 FILLMODE 为 1 时，圆环显示填充。

3．"打断"命令和"打断于点"命令

（1）"打断"命令用于打断选择的对象，即将所选的直线、射线、圆弧、椭圆弧等图形对象分割为两部分。"打断"命令将删除对象上位于第一点和第二点之间的部分。在默认状态下，将选取对象时鼠标拾取到的图形上的点作为第一个点（也可以重新定义第一点），第二点即选定的点。如果选定的第二点不在对象上，系统将选择对象上距离该点最近的一个点。选择"修改"→"打断"命令，或单击"打断"按钮，或在命令行中输入"break"，都可以执行该命令。

（2）"打断于点"命令和"打断"命令一样，都是将所选择的对象分为两部分；只是断开的位置是一个点。"打断于点"命令可以单击"打断"按钮执行。

【例1-3-15】绘制图1-3-68所示的图形。

首先，用"圆"命令，绘制一个直径为60和一个半径为25的圆，两圆为同心圆；然后，再使用"直线"命令绘制两条直线，如图1-3-69所示。

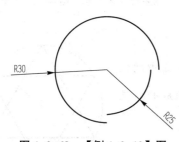

图1-3-68　【例1-3-12】图

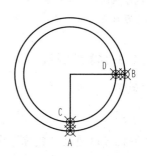

图1-3-69　绘制圆和直线

使用"打断"命令将两个圆打断。

先对大圆进行打断，命令执行过程如下：

```
命令：_break
选择对象：
指定第二个打断点或［第一点（F）］：f✓              //输入"f"，重新定义第一点
指定第一个打断点：                              //选择A点
指定第二个打断点：                              //选择B点
```

再对小圆进行打断，命令执行过程如下：

```
命令：_break
选择对象：
指定第二个打断点或［第一点（F）］：f✓              //输入"f"，重新定义第一点
指定第一个打断点：                              //选择D点
指定第二个打断点：                              //选择C点
```

绘制结果如图 1-3-70 所示。

注意： 对圆弧或者圆进行打断时，打断是逆时针进行的。

4. "镜像"命令

在 AutoCAD 中，当需要绘制的图形与某一图形相对于对称轴对称时，就可以使用"镜像"命令来绘制图形。"镜像"命令的使用方法是：选择"修改"→"镜像"命令，或在"修改"工具栏中单击"镜像"按钮▲，或在命令行中输入"mirror"（或者"mi"），都可以执行该命令。

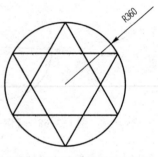

图 1-3-70　打断结果

命令执行过程如下：

```
命令：_mirror
选择对象：                          // 在绘图窗口选择需要镜像的对象
选择对象：✓                         // 按 Enter 键，完成对象选择
指定镜像线的第一点：                 // 在绘图窗口拾取或者输入坐标确定镜像线第一点
指定镜像线的第二点：                 // 在绘图窗口拾取或者输入坐标确定镜像线第二点
要删除源对象吗？[是（Y）/否（N）]<N>：// 输入"n"则不删除源对象，输入"y"则删除源对象
```

【例 1-3-16】 绘制图 1-3-71 所示的图形。

要绘制这个图形，需要用到"圆"命令，而圆中间的六角星可以看作是由两个等边三角形一正一反组成的。这两个三角形就可以通过"镜像"命令得到。

（1）绘制圆。为了确定圆心，需要先使用"直线"命令绘制两条相互垂直的直线作为辅助线，再绘制圆。

命令执行过程如下：

图 1-3-71　【例 1-3-13】图

```
命令：_line
指定第一点：
指定下一点或 [放弃（U）]：
指定下一点或 [放弃（U）]：
命令：l✓
LINE
指定第一点：
指定下一点或 [放弃（U）]：
指定下一点或 [放弃（U）]：
命令：c✓
CIRCLE
指定圆的圆心或 [三点（3P）/两点（2P）/相切、相切、半径（T）]：
指定圆的半径或 [直径（D）]<360.0000>：360✓
```

微课：缩放、镜像

· 62 ·

绘制结果如图 1-3-72 所示。

图 1-3-72 绘制图

（2）使用"正多边形"命令绘制一个正多边形。

命令执行过程如下：

```
命令：_polygon
输入边的数目 <4>：3✓
指定正多边形的中心点或 [边（E）]：
输入选项 [内接于圆（I）/外切于圆（C）]<I>：
指定圆的半径：360✓
```

绘制结果如图 1-3-73 所示。

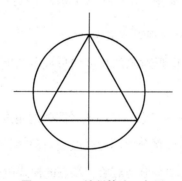

图 1-3-73 绘制等边三角形

（3）使用"镜像"命令，镜像复制等边三角形。注意，镜像的对称轴是水平直线。

命令执行过程如下：

```
命令：mi✓
MIRROR
选择对象：找到 1 个                          //选择等边三角形作为镜像复制对象
选择对象：✓                                //按 Enter 键确认
指定镜像线的第一点：                        //指定水平直线的一个端点
指定镜像线的第二点：                        //指定水平直线的另一个端点
要删除源对象吗？[是（Y）/否（N）] <N>：✓
```

绘制结果如图 1-3-74 所示。

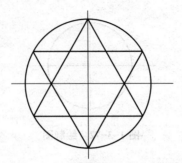

图 1-3-74　镜像复制等边三角形

5. "拉长"命令

"拉长"命令可以用来延伸或者缩短图形对象,如直线、圆弧、椭圆弧等,也可以改变圆弧的角度。"拉长"命令的使用方法是:选择"修改"→"拉长"命令,或在命令行中输入"lengthen"(或者"len"),都可以执行该命令。

命令执行过程如下:

```
命令: _lengthen
选择对象或[增量(DE)/百分数(P)/全部(T)/动态(DY)]:          //输入相应的"拉长"命令
```

执行"拉长"命令后,会出现以下提示:

(1)增量(DE):指定图形对象的长度增量或者角度增量大小,正值为增大,负值为减小。

(2)全部(T):指定图形对象的长度或者圆弧的角度。

(3)百分数(P):以总长百分比的形式改变对象的长度。

(4)动态(DY):通过动态拖动对象一端点的模式改变对象的长度。

【例 1-3-17】将图 1-3-75(a)中的直线拉长至 2 000,如图 1-3-75(b)所示。

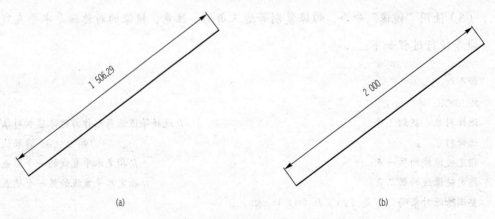

(a)   (b)

图 1-3-75　【例 1-3-14】图

命令执行过程如下：

```
命令：_lengthen
选择对象或 [ 增量（DE）/百分数（P）/全部（T）/动态（DY）]：t↙
指定总长度或 [ 角度（A）]<2000.0000）>：2000↙
选择要修改的对象或 [ 放弃（U）]：
选择要修改的对象或 [ 放弃（U）]：↙
```

6.“拉伸”命令

“拉伸”命令可以拉伸对象中被选定的部分，没有选定的部分保持不变。执行该命令时，若使用交叉窗口方式选择对象时，再依次指定位移基点和位移矢量，AutoCAD将会移动全部位于选择窗口之内的对象，而拉伸与选择窗口边界相交的对象。对于直线、圆弧、区域填充和多段线等对象，若其所有部分均在选择窗口内，那么它们将被移动。选择“修改”→“拉伸”命令，或单击“拉伸”按钮▨，或在命令行中输入“stretch”，都可以执行该命令。

【例 1-3-18】 将图 1-3-76（a）拉伸为图 1-3-76（b）的样子。

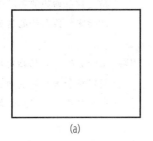
(a)

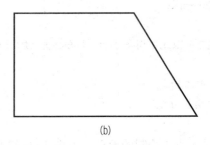
(b)

图 1-3-76　【例 1-3-15】图

命令执行过程如下：

```
命令：_stretch
以交叉窗口或交叉多边形选择要拉伸的对象 ...          //以交叉窗口方式框选矩形右下角部分
选择对象：指定对角点：找到 1 个
选择对象：↙
指定基点或 [ 位移（D）]<位移 >：                    //选择拉伸的基点
指定第二个点或 <使用第一个点作为位移 >：
```

注意：在进行框选时，一定只能选择部分矩形。如果选择了全部矩形，“拉伸”命令将会变为“移动”命令。

四、高级图形绘制命令和图形对象编辑命令

1. "样条曲线"命令

样条曲线是一种拟合不同位置的曲线。在绘制样条曲线时，用户可以改变样条拟合的偏差，以改变样条与指定拟合点的距离。此偏差值越小，样条曲线就越靠近这些点。"样条曲线"命令与"圆弧"命令不同之处在于，"样条曲线"命令绘制的图形是一个整体，而"圆弧"命令绘制的图形则是独立的图形。"样条曲线"命令的使用方法是：选择"绘图"→"样条曲线"命令，或单击"样条曲线"按钮 ∿ ，或在命令行中输入"spline"，都可以来执行该命令。

命令执行过程如下：

```
命令：_spline
指定第一个点或 [ 对象（O）]：                          // 指定样条曲线的起点
指定下一点：                                          // 指定样条曲线的第二个控制点
...                                                   // 指定样条曲线的其他控制点
指定下一点或 [ 闭合（C）/ 拟合公差（F）]< 起点切向 >：↙
                                                      // 按 Enter 键，开始指定切线方向
指定起点切向：                                        // 指定样条曲线起点的切线方向
指定端点切向：                                        // 指定样条曲线终点的切线方向
```

用样条曲线绘制的地形图如图 1-3-77 所示。

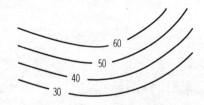

图 1-3-77　用样条曲线绘制的地形图

2. "多线"命令

多线也称多重平行线，即由两条相互平行的直线构成的图形。

（1）多线样式设置。绘制多线之前，应先进行多线样式设置。选择"格式"→"多线样式"命令，弹出"多线样式"对话框，如图 1-3-78 所示。在该对话框中可以进行多线样式的设置。

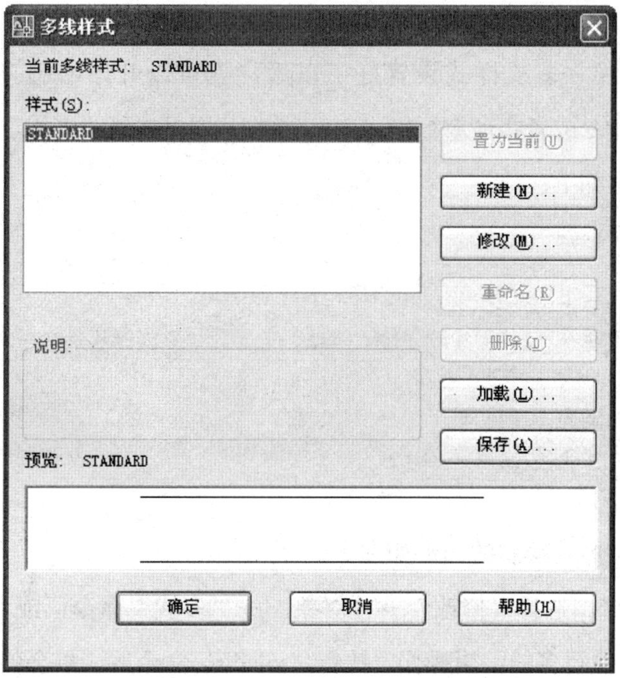

图 1-3-78　"多线样式"对话框

在"多线样式"对话框中,"当前多线样式"显示当前正在使用的多线样式,"样式"
列表框中显示已经创建好的多线样式,"预览"框显示当前选中的多线样式的形状,"说明"文本框为当前多线样式附加的说明和描述。单击"新建"按钮,可创建新的多线样式,在弹出的"创建新的多线样式"对话框中编辑新的样式的名称后,单击"继续"按钮,可弹出如图 1-3-79 所示的"新建多线样式"对话框。

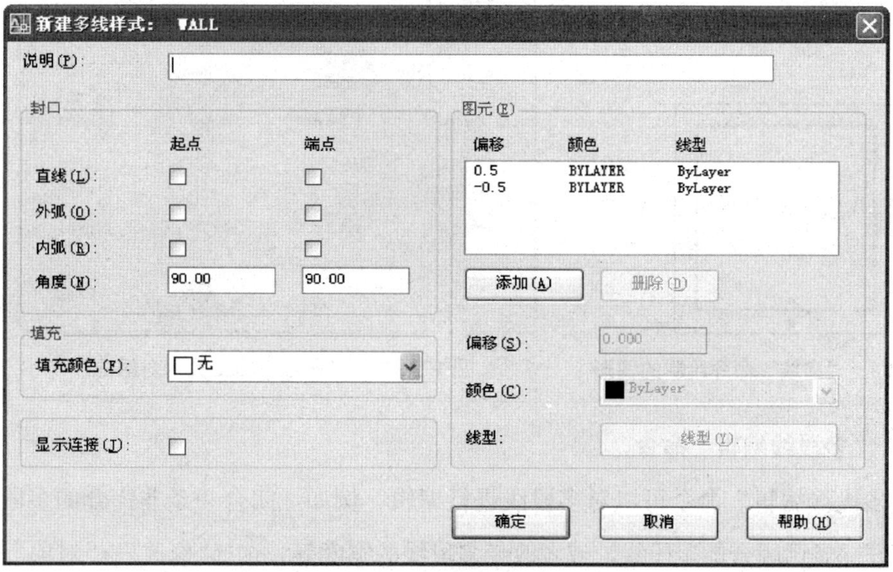

图 1-3-79　"新建多线样式"对话框

在"新建多线样式"对话框中，可以对新建多线的样式进行设置。

（2）绘制多线。多线样式设置好了以后，就可以开始绘制多线了。选择"绘图"→"多线"命令或者在命令行输入"mline"，即可执行"多线"命令。

命令执行过程如下：

```
命令：_mline
当前设置：对正＝上，比例＝20.00，样式＝STANDARD            //提示当前多线设置
指定起点或[对正(J)/比例(S)/样式(ST)]：              //指定多线起始点或修改多线设置
指定下一点：
指定下一点或[放弃(U)]：                            //指定下一点或取消
指定下一点或[闭合(C)/放弃(U)]：                     //指定下一点、闭合或取消
```

使用"多线"命令绘制的图形如图1-3-80所示。

（3）多线编辑。选择"修改"→"对象"→"多线"命令，或者在命令行中输入"mledit"，可以执行多线编辑操作。执行"mledit"命令后，将会弹出如图1-3-81所示的"多线编辑工具"对话框。

在"多线编辑工具"对话框中，可以对十字形、T形及有拐角和顶点的多线进行编辑，还可以截断和连接多线。

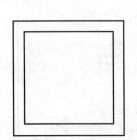

图1-3-80 "多线"命令绘制的图形   图1-3-81 "多线编辑工具"对话框

3．"多段线编辑"命令

"多段线编辑"命令可以对多段线进行编辑。例如，闭合一条非闭合的多段线，或者打开一条已闭合的多段线，或者改变多段线的宽度等。选择"修改"→"对象"→"多段线"命令，或者在命令行中输入"pedit"，即可执行"多段线编辑"命令。

命令执行过程如下：

```
命令：_pedit
选择多段线或 [ 多条 (M)]：                           // 选择需要编辑的多段线
输入选项 [ 闭合 (C)/合并 (J)/宽度 (W)/编辑顶点 (E)/拟合 (F)/样条曲线 (S)/非曲线化 (D)
/ 线型生成 (L)/ 放弃 (U)]：                           // 选择编辑项目
```

4. 图形对象编辑

（1）编辑对象特性。对象特性指的是图形的一般特性和几何特性。一般特性包括对象的颜色、线型、图层及线宽等；几何特性包括对象的尺寸和位置。选择菜单栏中的"修改"→"特性"命令，或者单击工具栏中的"特性"按钮 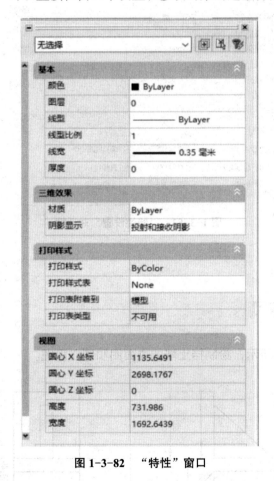，就会打开"特性"窗口（图1-3-82），可以直接在窗口中设置和修改对象的这些特性。

图 1-3-82　"特性"窗口

（2）特性匹配。"特性匹配"命令可以让不同的图形快速拥有相同的特性，如同样的颜色、同样的线宽等。选择菜单栏中的"修改"→"特性匹配"命令，可以执行该命令。

命令执行过程如下：

```
命令：_matchprop
选择源对象：                                            //选择匹配的目标的源对象
当前活动设置：颜色 图层 线型 线型比例 线宽 厚度 打印样式 标注 文字 填充图案 多段
线 视口 表格材质 阴影显示 多重引线
选择目标对象或 [设置 (S)]：                              //选择需要匹配的图形
选择目标对象或 [设置 (S)]：↙                             //按 Enter 键，取消
```

在"特性匹配"命令执行过程中，输入"s"，系统将弹出如图 1-3-83 所示的"特性设置"对话框。在"特性设置"对话框中可以打开或者关闭需要匹配的特性。

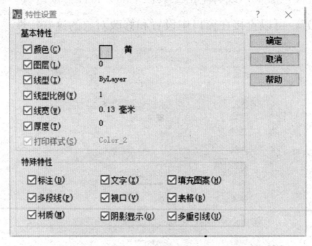

图 1-3-83 "特性设置"对话框

📁▶ 课后练习

1. 如图 1-3-84 所示，绘制挡土墙的立面图和侧立面图。

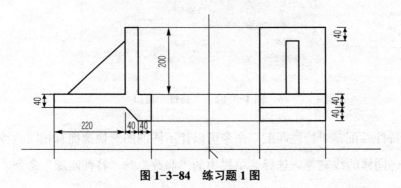

图 1-3-84 练习题 1 图

2. 利用"多段线"命令，绘制图 1-3-85 所示的图形。

图 1-3-85　练习题 2 图

3. 绘制图 1-3-86 所示的三视图。

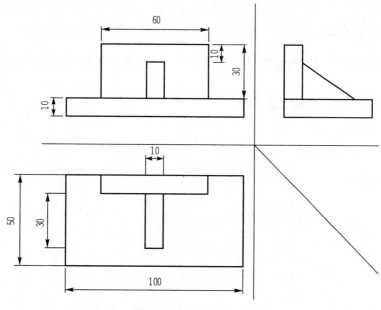

图 1-3-86　练习题 3 图

4. 绘制图 1-3-87 所示的图形。

5. 绘制图 1-3-88 所示的图形。

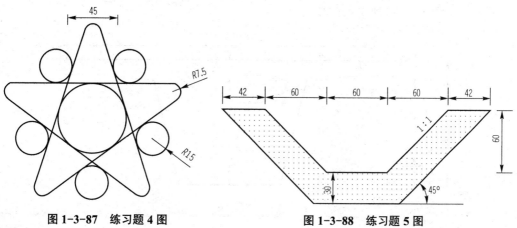

图 1-3-87　练习题 4 图　　　　**图 1-3-88　练习题 5 图**

6. 绘制图 1-3-89 所示的图形。

7. 绘制图 1-3-90 所示的图形。

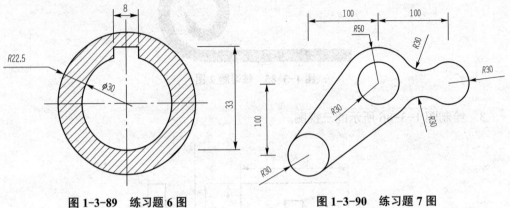

图 1-3-89　练习题 6 图　　　　　　图 1-3-90　练习题 7 图

8. 绘制图 1-3-91 所示的图形。

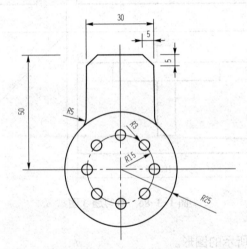

图 1-3-91　练习题 8 图

9. 绘制图 1-3-92 所示的图形。

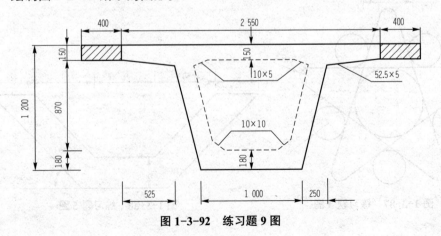

图 1-3-92　练习题 9 图

10. 绘制图 1-3-93 所示的图形。

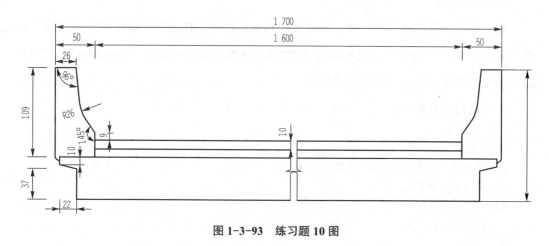

图 1-3-93　练习题 10 图

任务四　标注命令

一、尺寸标注命令

尺寸标注能够直观地反映出图形的尺寸大小，是一张图纸中不可缺少的部分。一个完整的尺寸标注由尺寸界线、尺寸线、尺寸箭头和尺寸文本 4 部分组成（图 1-4-1）。尺寸标注的类型有很多，AutoCAD 提供了线性标注、对齐标注、坐标标注、半径标注、直径标注、角度标注、基线标注、连续标注、引线标注、公差标注、圆心标记等标注方法。

微课：尺寸标注

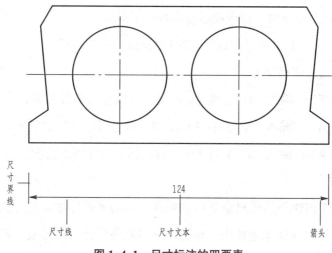

图 1-4-1　尺寸标注的四要素

1. 线性标注

线性标注能够标注水平尺寸、垂直尺寸和旋转尺寸。在菜单栏中选择"标注"→"线性"命令，或在"标注"工具栏单击按钮 📏，或在命令行中输入"dimlinear"，都可以标注水平尺寸、垂直尺寸和旋转尺寸。

命令执行过程如下：

```
命令：_dimlinear
指定第一条尺寸界线原点或<选择对象>：
指定第二条尺寸界线原点：
指定尺寸线位置或
[多行文字（M）/文字（T）/角度（A）/水平（H）/垂直（V）/旋转（R）]：
标注文字=124
```

标注结果如图 1-4-2 所示。

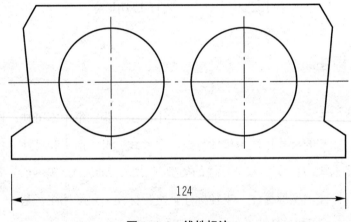

图 1-4-2 线性标注

在执行"线性"命令时，命令提示行出现如下提示：

（1）多行文字（M）：输入"m"后按 Enter 键，系统将弹出"多行文字"对话框，可以在文本框中输入多行文本。

（2）文字（T）：输入"t"后按 Enter 键，可以输入单行文字。

（3）角度（A）：输入"a"后按 Enter 键，指定标注文字的角度。

（4）旋转（R）：输入"r"后按 Enter 键，指定尺寸线的角度。

2. 对齐标注

对齐标注用于创建与图形对象平行的标注。在对齐标注中，尺寸线平行于尺寸界线原点连成的直线。选择菜单栏中"标注"→"对齐"命令，或在"标注"工具栏中单击按钮✎，或在命令行中输入"dimaligned"，都可以进行对齐标注。对齐标注是一种特殊尺寸标注形式。如果被标注的直线的倾斜角度未知，那么使用线性标注方法将无法得到准确的测量结果，这时可以使用对齐标注。

命令执行过程如下：

```
命令：_dimaligned
指定第一条尺寸界线原点或＜选择对象＞：
指定第二条尺寸界线原点：
指定尺寸线位置或
[多行文字（M）/文字（T）/角度（A）]：
标注文字=38.17
```

标注结果如图 1-4-3 所示。

3.半径和直径标注

半径和直径标注可以测量并标注圆和圆弧的半径或直径。半径标注用于测量圆或圆弧的半径，并显示前面带有字母 R 的标注文字。直径标注用于测量圆或圆弧的直径，并显示前面带有 ϕ 的标注文字。

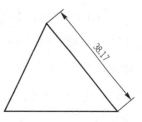

图 1-4-3　对齐标注

（1）在菜单栏选择"标注"→"半径"命令，或在"标注"工具栏中单击按钮⊘，可以标注圆和圆弧的半径。在命令行中输入命令"dimradius"，也可以进行半径标注。

（2）在菜单栏中选择"标注"→"直径"命令，或在"标注"工具栏中单击按钮⊘，或在命令行中输入"dimdiameter"，都可以执行"直径标注"命令。

半径标注，命令执行过程如下：

```
命令：_dimradius
选择圆弧或圆：
标注文字=19.5
指定尺寸线位置或[多行文字（M）/文字（T）/角度（A）]：↙
```

直径标注，命令执行过程如下：

```
命令：_dimdiameter
选择圆弧或圆：
标注文字=39
指定尺寸线位置或[多行文字（M）/文字（T）/角度（A）]：↙
```

半径和直径标注结果如图 1-4-4 所示。

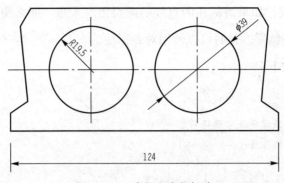

图 1-4-4　半径和直径标注

4. 角度标注

角度标注用于标注两条非平行直线、圆弧之间的角度。要测量圆的两条半径之间的角度，可以选择此圆，然后指定角度端点。对于其他对象，则需要先选择对象，然后指定标注位置。在菜单栏中选择"标注"→"角度"命令，或在"标注"工具栏中单击按钮▲，或在命令行中输入"dimangular"，都可以执行"角度标注"命令。

两条相交直线角度的标注，命令执行过程如下：

```
命令：_dimangular
选择圆弧、圆、直线或 < 指定顶点 >：
选择第二条直线：
指定标注弧线位置或 [ 多行文字（M）/ 文字（T）/ 角度（A）/ 象限点（Q）]：
标注文字 =60
```

圆弧角度的标注，命令执行过程如下：

```
命令：_dimangular
选择圆弧、圆、直线或 < 指定顶点 >：
指定标注弧线位置或 [ 多行文字（M）/ 文字（T）/ 角度（A）/ 象限点（Q）]：
标注文字 =60
```

标注结果如图 1-4-5 所示。

5. 基线标注

基线标注可用于一次性标注多个图形对象，在创建基线之前，必须创建线性、对齐或角度标注。基线标注是从上一个尺寸界线处测量的，除非指定另一点作为原点。在菜单栏中选择"标注"→"基线"命令，或在"标注"工具栏中单击按

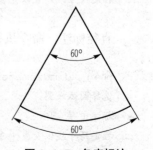

图 1-4-5　角度标注

钮,或在命令行中输入"dimbaseline",都可以执行"基线标注"命令。用户可以创建一系列由相同的标注原点测量出来的标注。

命令执行过程如下：

```
命令：_dimbaseline
指定第二条尺寸界线原点或 [ 放弃（U）/ 选择（S）]< 选择 >：
标注文字 =13
指定第二条尺寸界线原点或 [ 放弃（U）/ 选择（S）]< 选择 >：
标注文字 =47
指定第二条尺寸界线原点或 [ 放弃（U）/ 选择（S）]< 选择 >：
标注文字 =55
指定第二条尺寸界线原点或 [ 放弃（U）/ 选择（S）]< 选择 >：
选择基准标注：* 取消 *
```

标注结果如图 1-4-6 所示。

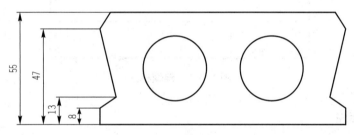

图 1-4-6　基线标注

注意：做基线标注时，可以打开对象捕捉功能拾取端点。

6. 连续标注

连续标注是首尾相连的多个标注，其前一尺寸的第二尺寸界线就是后一尺寸的第一尺寸界线。与基线标注一样，在创建连续标注前，必须创建线性、对齐或角度标注。每个连续标注都从前一个标注的第二个尺寸界线处开始，除非指定另一点作为原点。在菜单栏中选择"标注"→"连续"命令，或在"标注"工具栏中单击"连续标注"按钮，或在命令行中输入"dimcontinue"，都可以执行"连续标注"命令。

命令执行过程如下：

```
命令：_dimcontinue
选择连续标注：
指定第二条尺寸界线原点或 [ 放弃（U）/ 选择（S）]< 选择 >：
标注文字 =8
指定第二条尺寸界线原点或 [ 放弃（U）/ 选择（S）]< 选择 >：
```

标注文字 =29.5

指定第二条尺寸界线原点或 [放弃（U）/选择（S）] ＜选择＞：

标注文字 =49

指定第二条尺寸界线原点或 [放弃（U）/选择（S）] ＜选择＞：

标注文字 =29.5

指定第二条尺寸界线原点或 [放弃（U）/选择（S）] ＜选择＞：

标注文字 =8

指定第二条尺寸界线原点或 [放弃（U）/选择（S）] ＜选择＞：＊取消＊ 选择连续标注：＊取消＊

标注结果如图 1-4-7 所示。

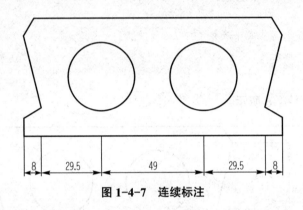

图 1-4-7　连续标注

7. 弧长标注

弧长标注用于测量圆弧或多段线弧线的延长，在默认情况下，弧长标注将显示一个圆弧符号。圆弧符号显示在标注文字的上方或前方。弧长标注的尺寸界线可以正交或径向，仅当圆弧的包含角度小于 90°时才会显示正交尺寸界线。

在菜单栏中选择"标注"→"弧长"命令，或单击"标注"工具栏上的"延长"按钮 ，或在命令行中输入"dimarc"，都可以执行"弧长标注"命令。

命令执行过程如下：

命令：_dimarc

选择弧线段或多段线弧线段：

指定弧长标注位置或 [多行文字（M）/文字（T）/角度（A）/部分（P）/引线（L）]：

标注文字 =152.62

命令：_dimarc

选择弧线段或多段线弧线段：

指定弧长标注位置或 [多行文字（M）/文字（T）/角度（A）/部分（P）/引线（L）]：

标注文字 =131.1

标注结果如图 1-4-8 所示。

执行"弧长标注"命令时，在命令提示行出现如下提示：

（1）"部分（P）"：表示输入"p"后，可以标注选定圆弧某一部分的弧长。

（2）"引线（L）"：表示输入"1"后，标注中会出现引线，如图 1-4-9 所示。

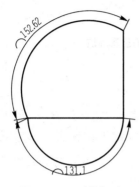
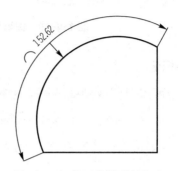

图 1-4-8　弧长标注　　　　图 1-4-9　带引线的弧长标注

8．折弯标注

折弯标注方式与半径标注基本相同，但需要指定一个位置代替圆或圆弧的圆心。

在菜单栏中选择"标注"→"折弯"命令，或在"标注"工具栏中单击"折弯"按钮，或在命令行中输入"dimjogged"，都可以执行"折弯标注"命令来标注圆或圆弧的半径。

命令执行过程如下：

```
命令：_dimjogged
选择圆弧或圆：
指定图示中心位置：
标注文字 =30
指定尺寸线位置或 [多行文字（M）/文字（T）/角度（A）]：
指定折弯位置：↙
命令：_dimjogged
选择圆弧或圆：
指定图示中心位置：
标注文字 =100
指定尺寸线位置或 [多行文字（M）/文字（T）/角度（A）]：
指定折弯位置：↙
```

标注结果如图 1-4-10 所示。

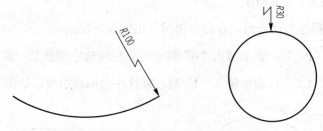

图 1-4-10　圆弧和圆半径的折弯标注

9. 圆心标记

圆心标记可以对圆或圆弧的圆心进行标注。在菜单栏中选择"标注"→"圆心标记"命令，或在"标注"工具栏中单击"圆心标记"按钮⊕，或在命令行中输入"dimcenter"，即可以标注圆和圆弧的圆心。此时，只需要选择待标注其圆心的圆弧或圆即可。

命令执行过程如下：

```
命令：_dimcenter
选择圆弧或圆：
```

标注结果如图 1-4-11 所示。

10. 引线标注

用户可以画出一条引线来标注对象，并可以在引线末端添加文字作为旁注或说明。在引线标注中，引线可以是折线，也可以是曲线，引线端部也可以设置是否有箭头。

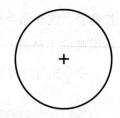

图 1-4-11　圆心标记

在菜单栏中选择"标注"→"多重引线"命令，或在"标注"工具栏中单击"引线标注"按钮，或在命令行中输入"qleader"，都可以创建引线和注释。

命令执行过程如下：

```
命令：_qleader
指定第一个引线点或 [设置（S）]<设置>：
指定下一点：<正交 关>
指定下一点：<正交 开>
指定文字宽度<0>：
输入注释文字的第一行<多行文字（M）>：工字型钢
输入注释文字的下一行：*取消*
```

标注结果如图 1-4-12 所示。

11．快速标注

快速标注可用于自动标注简单的选择集，如自动进行半径标注、线性标注等。

在菜单栏中选择"标注"→"快速标注"命令，或在"标注"工具栏中单击"快速标注"按钮 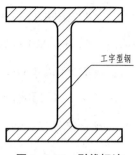，或在命令行中输入"qdim"，都可以完成快速标注。

图 1-4-12　引线标注

二、文字标注命令

文字在图纸中是不可缺少的重要组成部分，文字可以对图纸中不便于用图形表达的内容加以说明，使图纸的含义更加清晰，帮助施工人员阅读和理解图纸。

微课：文字标注和
文字标注样式

（一）单行文本

在菜单栏中选择"绘图"→"文字"→"单行文字"命令，或者在命令行中输入"text"或"dtext"，都可以执行"单行文字"命令。

执行该命令时，命令提示行出现如下提示：

```
当前文字样式：
指定文字的起点或 [ 对正（J）/ 样式（S）]：  //指定文字的起点，缺省情况下对正点为左对齐
指定高度 <2.5000>：                     //设置文字高度，文字高度即为字体大小
指定文字的旋转角度 <0>：                  //设置文字旋转的角度
```

其中，选择"对正（J）"选项后，命令提示行出现如下提示：

```
输入选项 [ 对齐（A）/ 调整（F）/ 中心（C）/ 中间（M）/ 右（R）/ 左上（TL）/ 中上（TC）/ 右上（TR）
/ 左中（ML）/ 正中（MC）/ 右中（MR）/ 左下（BL）/ 中下（BC）/ 右下（BR）]：
```

（1）对齐（A）：通过设置基线端点来指定文字高度，保持字体的高和宽之比不变。

（2）调整（F）：通过设置基线端点和文字高度来调整文字的宽度，以便将文本放置在两点之间。

（3）中心（C）：以基线的水平中点对齐文字。

（4）中间（M）：以基线的水平中点和高度的垂直中点对齐文字。

（5）右（R）：在基线上靠右对齐文字，基线由用户指定。

（6）样式（S）：用于设置文字样式。

【例1-4-1】输入单行文字"道路工程制图"。

命令执行过程如下：

```
命令：_dtext
当前文字样式："Standard"文字高度：2.5000    注释性：否
指定文字的起点或 [ 对正（J）/ 样式（S）]：↙
指定高度 <2.5000>：20 ↙
指定文字的旋转角度 <0>：↙
```

标注结果如图 1-4-13 所示。

道路工程制图

图 1-4-13　单行文本输入

在 AutoCAD 中有些字符无法通过标准键盘直接输入，用户可以通过特定的编码输入，见表 1-4-1。

表 1-4-1　字符代码

编码	对应字符	编码	对应字符
%%o	上划线	%%p	正负号
%%u	下划线	%%%	%
%%d	度°	%%nnn	ASCII 码对应的字符
%%c	直径 ϕ		

（二）多行文本

单行文字输入方法输入的每行文字都是独立的对象，无法进行整体编辑和修改。因此，AutoCAD 还提供了多行文本功能。使用多行文本功能就可以输入多行的段落文字，并将各行文字作为一个整体处理。

在菜单栏中选择"绘图"→"文字"→"多行文字"命令，或者单击"绘图"工具栏中的"多行文字"按钮**A**，或者在命令行中输入"mtext"，均可执行"多行文字"命令。

执行"多行文字"命令后，在绘图窗口中用鼠标框选出一个用来放置多行文字的矩形区域，然后绘图窗口中将弹出"文字格式"对话框和文字输入窗口（图1-4-14）。

图1-4-14　"文字格式"对话框和文字输入窗口

（1）"字体名"下拉列表框：设定和显示当前指定使用的字体。

（2）"高度"下拉列表框：设定和显示当前使用字体的高度。

（3）**B**按钮：将文字变为粗体。

（4）*I*按钮：将文字变为斜体。

（5）**U**按钮：给文字加下划线。

（6）**Ō**按钮：给文字加上划线。

（7）**⅞**按钮：将文本中的分数采用上下堆叠方式表示。

（8）"文字颜色"下拉列表框：用来设置文字颜色。

（9）**▀▀ ▀▀**按钮：用于设置文本的对齐方式。

（10）**@▾**按钮：单击旁边的下拉三角会出现一个可以插入特殊符号的菜单，如图1-4-15所示。

度数(D)	%%d
正/负(P)	%%p
直径(I)	%%c
几乎相等	\U+2248
角度	\U+2220
边界线	\U+E100
中心线	\U+2104
差值	\U+0394
电相位	\U+0278
流线	\U+E101
标识	\U+2261
初始长度	\U+E200
界碑线	\U+E102
不相等	\U+2260
欧姆	\U+2126
欧米加	\U+03A9
地界线	\U+214A
下标 2	\U+2082
平方	\U+00B2
立方	\U+00B3
不间断空格(S)	Ctrl+Shift+Space
其他(O)...	

图1-4-15　特殊符号

单击下拉菜单中的"其他"选项，系统将弹出"字符映射表"对话框（图1-4-16），可以添加特殊符号。

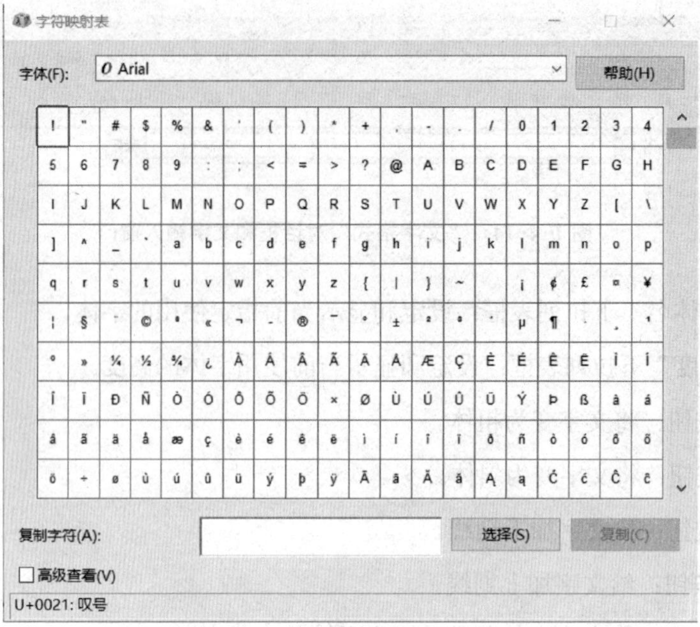

图1-4-16 "字符映射表"对话框

【例1-4-2】输入图1-4-17所示的文字。

命令执行过程如下：

```
命令：_mtext
当前文字样式："Standard"  文字高度：2.5  注释性：否
指定第一角点：
指定对角点或 [高度（H）/对正（J）/行距（L）/旋转（R）/样式（S）/宽度（W）/栏（C）]：
```

图1-4-17 多行文本输入

提示：$\frac{a}{2}$是先输入 a/2，然后用鼠标选中这部分文字，再单击堆叠符号按钮即可。

三、标注样式

无论是文字标注还是尺寸标注，都应该先设置标注样式，然后再进行标注。尺寸标注样式可以设置尺寸线、尺寸界线、箭头和尺寸文本等尺寸标注元素的属性参数；文字标注样式是设置文字的字体样式、高度、宽度比等文字属性。设置完成后保存便可调用。

（一）设置尺寸标注样式

选择菜单栏中的"格式"→"标注样式"命令，或者单击"标注"工具栏中的按钮，或者在命令行键入"dimstyle"，都可以打开"标注样式管理器"对话框（图1-4-18），然后就可以设置标注样式了。

微课：尺寸标注
样式的设置

在"标注样式管理器"对话框中：

（1）"样式"列表框：显示存储的样式名称。用鼠标右键单击样式名可以实现重命名、删除或置为当前等操作。

（2）"列出"下拉列表框：显示尺寸标注样式。

（3）"预览"框：图形显示设置的结果。

（4）"置为当前"按钮：将所选的样式置为当前的样式。

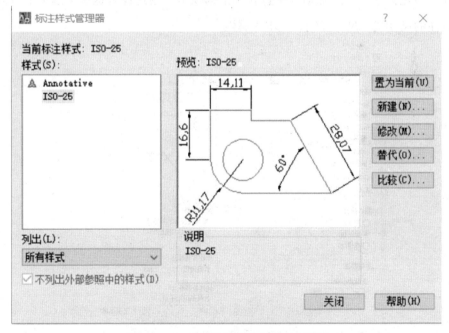

图1-4-18 "标注样式管理器"对话框

（5）"新建"按钮：用于新建尺寸标注样式。单击"新建"按钮，系统将弹出"创建新标注样式"对话框（图 1-4-19）。

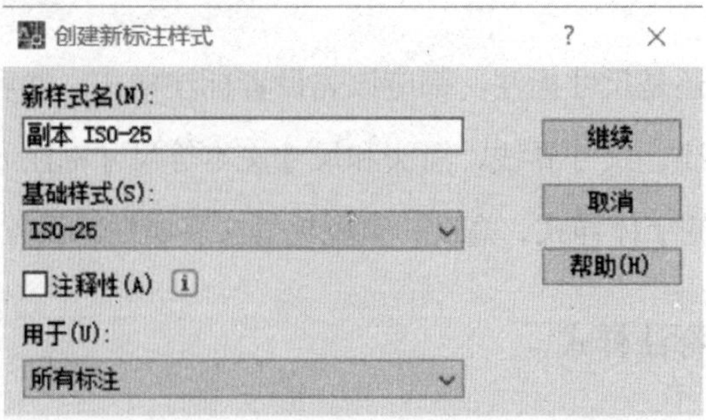

图 1-4-19　"创建新标注样式"对话框

在"创建新标注样式"对话框中：

（1）"新样式名"文本框：输入新样式名称。

（2）"基础样式"下拉列表框：选择一种已有的样式作为该新样式的参考基础样式，可以是一个外部参考的标注样式。

（3）"注释性"复选框：勾选该复选框，则将标注样式设置为注释性。

（4）"继续"按钮：设置好新样式名称后，单击该按钮系统将弹出"新建标注样式"对话框（图 1-4-20）。

在"新建标注样式"对话框中包含 7 个选项卡，通过设置这 7 个选项卡可以设置尺寸标注的尺寸线、尺寸界线、文本等属性。

图 1-4-20　"新建标注样式"对话框

（1）"线"选项卡（图1-4-21）。在这个选项卡中可以设置尺寸线和尺寸界线的颜色、线型和线宽等属性。

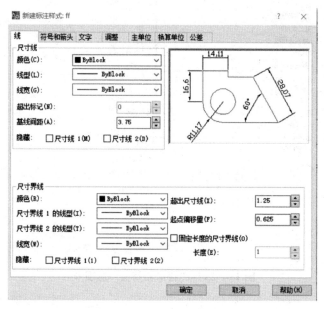

图1-4-21   "线"选项卡

1）"基线间距"文本框：用于设置"基线标注"命令下创建的多个标注的尺寸线之间的距离。

2）"隐藏"复选框：用于设置尺寸线或者尺寸界线是否隐藏。

3）"超出尺寸线"文本框：用于确定尺寸界线超出尺寸线部分的长度，如图1-4-22所示。

4）"起点偏移量"文本框：用于确定尺寸界线与标注尺寸时的拾取点之间的偏移量，如图1-4-22所示。

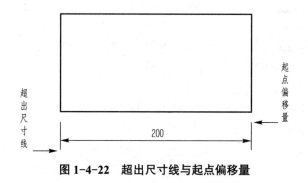

图1-4-22   超出尺寸线与起点偏移量

5）"固定长度的尺寸界线"复选框：设置从尺寸线到标注原点的尺寸界线的总长度。

（2）"符号和箭头"选项卡（图1-4-23）。

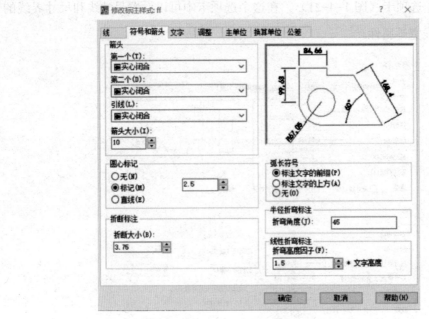

图 1-4-23　"符号和箭头"选项卡

1）"箭头"选项组：用于设置标注起止符的形式，可以是箭头，也可以是其他形式，如斜线。

2）"圆心标记"选项组：用于设置圆心标记的类型和大小。

3）"弧长符号"选项组：用于设置弧长符号的放置位置。

（3）"文字"选项卡（图 1-4-24）。

图 1-4-24　"文字"选项卡

1）"文字外观"选项组：用于设置文字的样式、颜色、高度及文字的背景色。

2）"文字位置"选项组：用于设置文字在垂直和水平方向上的放置位置。

3）"从尺寸线偏移"文本框：用于设置文字和尺寸线之间的间隔。

4）"文字对齐"选项组：有以下三个单选按钮：

① "与尺寸线对齐"单选按钮：文字与尺寸线保持统一角度，如图1-4-25（a）所示。

② "水平"单选按钮：文字在尺寸界线之间水平排列，如图1-4-25（b）所示。

③ "ISO标准"单选按钮：当文字在尺寸界线内时，文字与尺寸线对齐；当文字在尺寸界线外时，文字则水平放置，如图1-4-25（c）所示。

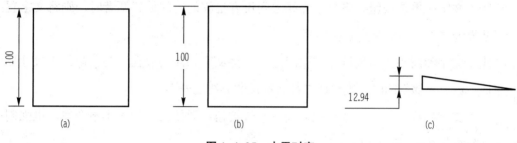

图1-4-25　水平对齐

（a）与尺寸线对齐；（b）水平；（c）ISO标准

（4）"调整"选项卡（图1-4-26）。

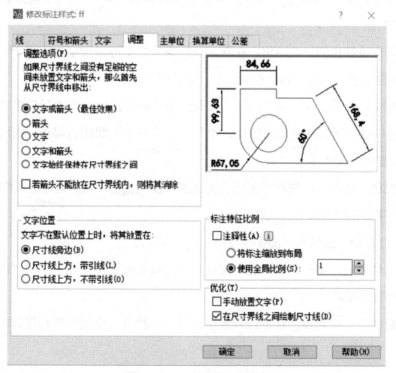

图1-4-26　"调整"选项卡

1）"调整选项"选项组：用于调整文字在尺寸界线中的位置。

在"调整选项"选项组中，有以下 5 个单选按钮用于设置当尺寸界线间距太小时，文字和箭头的摆放位置：

①"文字或箭头（最佳效果）"单选按钮：在尺寸界线之间按照最合适的原则，选择放置文字或箭头，即箭头可能放置于尺寸界线之间，而文字不能，如果有足够的空间，则两者都将放置其中，否则都放置于尺寸界线之外。

②"箭头"单选按钮：当尺寸界线之间没有足够的空间放置两者时，则将箭头置于尺寸界线之外。

③"文字"单选按钮：当尺寸界线之间没有足够的空间放置两者时，则将文字置于尺寸界线之外，而将箭头放在里面。

④"文字和箭头"单选按钮：空间足够时将文字和箭头放在一起，都位于尺寸界线里面；没有足够空间时，则将两者都放在尺寸界线之外。

⑤"文字始终保持在尺寸界线之间"单选按钮：即使两者的大小不合适，也强制将文字始终保持在尺寸界线内部。

⑥"若箭头不能放在尺寸界线内，则将其消除"复选框：勾选该复选框，当尺寸界线内部放不下时，就完全隐藏箭头。

2）"文字位置"选项组：当文字不在默认位置时，调整至尺寸线旁边或尺寸线上方。

3）"标注特征比例"选项组：在标注特性参数栏中可以指定比例因子。比例因子用于调整标注文字、箭头、间距等的大小，而对标注文字内容没有影响。

如果要按照布局比例来缩放标注，就要选中"将标注缩放到布局"单选按钮。在使用多个视口时，则需要使用此功能，每个视口具有不同的比例因子，否则将选择全局比例中设置的比例因子。

4）"优化"选项组：勾选"手动放置文字"复选框后，在创建标注时就可以手动定位标注文字并指定其对齐方式和方向。

（5）"主单位"选项卡（图 1-4-27）。

1）"单位格式"下拉列表：在下拉列表中选择标注的单位格式，与"图形单位"对话框中的选择相同。

2）"精度"下拉列表：在下拉列表中选择一个精度，也就是选择保留小数点后的位数。

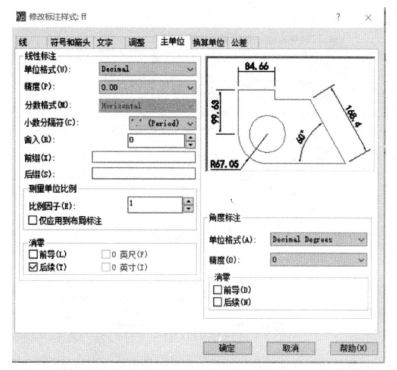

图1-4-27　"主单位"选项卡

3）"分数格式"下拉列表：当选择分数时，该选项才能用。"水平"选项表示在分子和分母之间放置水平线；"对角"选项表示在堆叠的分子和分母之间放置斜杠。

4）"小数分隔符"下拉列表：选择小数分隔符，有"句点""逗号"和"空格"三种格式。

5）"舍入"文本框：对线性标注的距离值进行舍入。

6）"前缀"文本框：使用前缀可以在标注文本内容的前面加上一个前缀字符。

7）"后缀"文本框：在标注的后面加上后缀字符。

8）"比例因子"文本框：用于设置尺寸标注显示的倍数，如比例因子设置为Z，则实际尺寸为100的直线，尺寸标注显示的是200。

9）"前导"复选框：用于设置输出数值是否有前导零，即小数点前的零。

10）"后续"复选框：用于设置输出数值是否有后续零，即小数点后无意义的零。

（6）"换算单位"选项卡（图1-4-28）。在AutoCAD中可以同时创建两种测量系统的标注。此特性常用于将英尺和英寸标注添加到使用公制单位创建的图形中。标注文字的换算单位用方括号"[ ]"括起来（图1-4-29）。但是，不能将换算单位应用到角度标注中。

图 1-4-28　"换算单位"选项卡

1)"显示换算单位"复选框:勾选后,便可以设置换算后标注文字的值。

2)"单位格式"和"精度"下拉列表框的设置与前面所述相似。

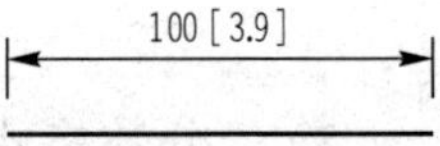

3)"换算单位倍数"文本框:用于设置标注单位与换算单位之间的比例因子。

100 [3.9]

图 1-4-29　换算单位

(7)"公差"选项卡(图 1-4-30)。通过指定公差可以控制图纸中标注尺寸的精度等级,即设置标注的最大和最小允许尺寸。

图 1-4-30　"公差"选项卡

（二）设置文字标注样式

AutoCAD 系统自带了一个标准（Standard）的文字样式，在默认情况下，用户都采用这个标准样式来输入文字。如果用户希望创建一个新的样式，或修改已有样式，则可以通过执行"文字样式"命令来完成。通过"文字样式"功能可以设置文字的字体、字号、倾斜角度、方向及其他一些属性。创建好的文字样式可以置于当前使用方式。

创建文字样式的方式为：在菜单栏中选择"格式"→"文字样式"命令，或者在命令行中输入"style"，都可以弹出"文字样式"对话框，如图 1-4-31 所示。

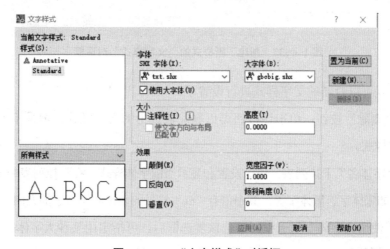

图 1-4-31 "文字样式"对话框

在"文字样式"对话框中：

（1）"样式"列表框：显示已有的文字样式。列表框内包括所有已定义的样式名。

（2）"新建"按钮：单击此按钮，系统弹出"新建文字样式"对话框（图 1-4-32），输入新的样式名，单击"确定"按钮。样式名最长可达 255 个字符，名称中可包含字母、数字和特殊字符，如美元符号（$）、下划线（_）、连字符（-）等。

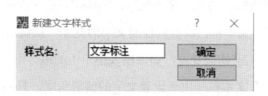

图 1-4-32 "新建文字样式"对话框

单击"确定"按钮后，新样式名将被添加到"文字样式"对话框中的"样式"列表框中，如图 1-4-33 所示。

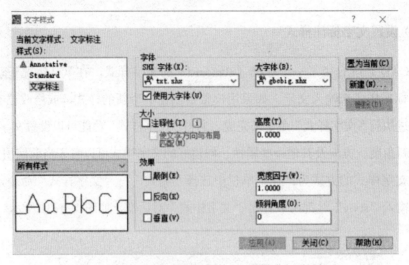

图 1-4-33　创建了新样式的"文字样式"对话框

此时，就可以对新的文字样式进行设置了。

（3）"删除"按钮：单击该按钮可以删除被选中的文字样式，但是不能删除当前使用的文字样式。

（4）"字体名"下拉列表：用于设置和显示当前字体样式，在下拉列表中可以选择不同的字体，如宋体字、黑体字等。其中带有"@"符号的表示此类文字的方向为垂直方向。

（5）"使用大字体"复选框：勾选该复选框后，可指定用某种大字体。

（6）"字体样式"下拉列表：勾选"使用大字体"复选框后可用，用于设置字体样式。

（7）"高度"文本框：用于设置字体的高度。默认下为 0，如果设置为非 0 的高度，则在使用该字体时统一使用该高度，不再提示输入字体高度。

（8）"注释性"复选框：勾选该复选框后。用户可以自动完成缩放注释的过程，从而使注释能够以正确的大小在图纸上打印或显示。

（9）"颠倒"复选框：勾选该复选框后，字体上下颠倒放置。

（10）"反向"复选框：勾选该复选框后，字体按自右向左的镜像书写。

（11）"宽度因子"文本框：该参数控制文字的宽度，默认情况下的宽度比例为 1，如果输入大于 1 的值，则字体会变宽，如果输入小于 1 的值，则字体变窄长。

（12）"倾斜角度"文本框：用于设置文字的倾斜角度，只能输入 -85°～85°之间的角度值。

【例 1-4-3】试建立一个样式名为"说明"，字体为楷体，高度为 20，宽度因子为 0.7 的文字样式。

（1）输入命令"style"，系统弹出"文字样式"对话框。

（2）单击"新建"按钮，在弹出的"新建文字样式"对话框中，输入样式名"说明"，然后单击"确定"按钮，如图1-4-34所示。

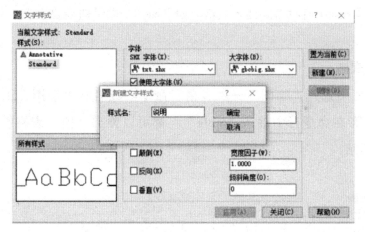

图1-4-34　输入样式名"说明"

（3）在"文字样式"对话框中，设置字体为"楷体"，高度为20，宽度因子为0.7，如图1-4-35所示。

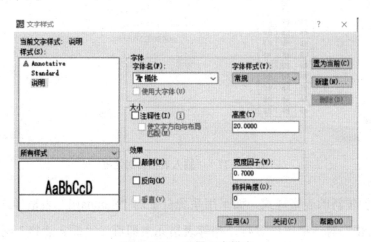

图1-4-35　设置文字样式

（4）单击"应用"按钮，再单击"关闭"按钮退出"文本样式"对话框。用该字体样式输入单行文本的效果，如图1-4-36所示。

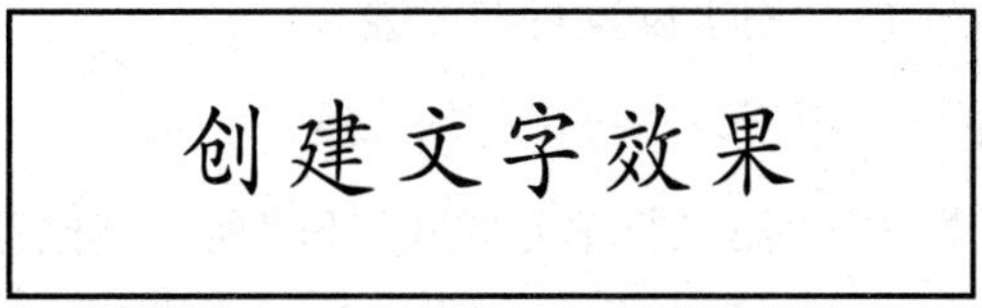

创建文字效果

图1-4-36　文字效果

四、绘制表格

道路工程图纸中有时需要插入表格，如平面图中的平曲线要素表。下面介绍绘制表格的方法。

1. 创建表格

在菜单栏中选择"绘图"→"表格"命令，或者在"绘图"工具栏中单击按钮 ▦，或者在命令行中输入"table"，都可以弹出"插入表格"对话框，如图 1-4-37 所示。

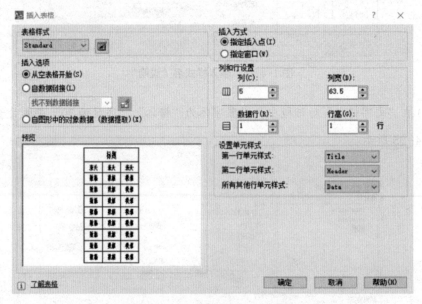

图 1-4-37　"插入表格"对话框

如果不创建新的表格样式，而采用系统自带的"Standard"表格样式，则只需要在"插入表格"对话框中设置行、列等表格元素即可。"插入表格"对话框中的设置如下：

（1）"列"文本框：用于设置列的参数。

（2）"列宽"文本框：用于设置每一列的宽度。

（3）"数据行"文本框：用于设置行的参数。

（4）"行高"文本框：用于设置每一行的高度。

（5）"第一行单元样式""第二行单元样式"和"所有其他行单元样式"下拉列表：下拉列表中有"标题""表头""数据"三种选择。

【例1-4-4】新建一个3×4的成绩表，列宽为30，行高为2。

（1）单击"绘图"工具栏中的按钮 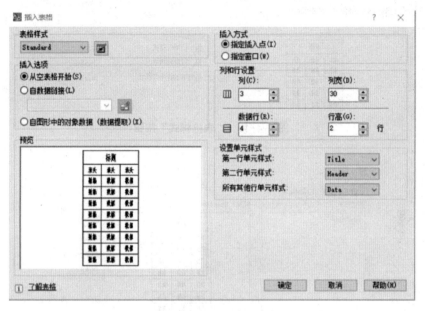，系统弹出"插入表格"对话框。

（2）在"插入表格"对话框中设置"列"为3，"数据行"为4，"列宽"为30，"行高"为2，如图1-4-38所示。

图1-4-38　设置表格参数

（3）最终绘制的表格如图1-4-39所示。

成绩表		
数学	语文	英语
70	80	90

图1-4-39　表格效果

2．新建表格样式

如果对"Standard"表格样式不满意，用户可以创建自己需要的表格样式。

在命令行中输入"table"，系统将弹出"插入表格"对话框。单击"表格样式"下拉列表旁边的按钮 （图1-4-40），系统将弹出"表格样式"对话框，如图1-4-41所示。

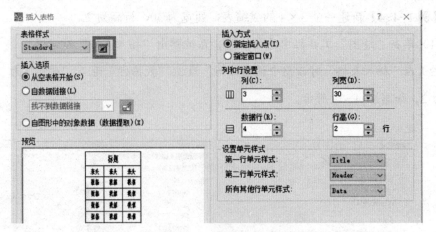

图 1-4-40 "表格样式"按钮

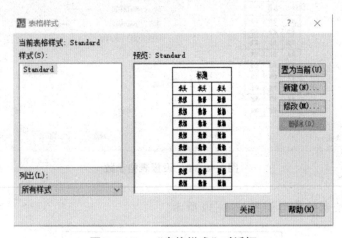

图 1-4-41 "表格样式"对话框

在"表格样式"对话框中,单击"新建"按钮,系统将弹出"创建新的表格样式"对话框,如图 1-4-42 所示。

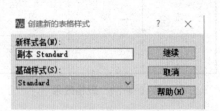

图 1-4-42 "创建新的表格样式"对话框

在"新样式名"文本框中输入新的表格样式,单击"继续"按钮,弹出"新建表格样式"对话框(图 1-4-43)。

"起始表格"选项组:左边的按钮是选择一个已有的表格作为起始表格,右边的按钮是将已选择的起始表格删除。

图 1-4-43　"新建表格样式"对话框

"表格方向"下拉列表框：有"向上"和"向下"两个选项。选择"向下"时，标题在第一行，表头在第二行；选择"向上"时，标题在最后一行，表头在倒数第二行，如图 1-4-44 所示。

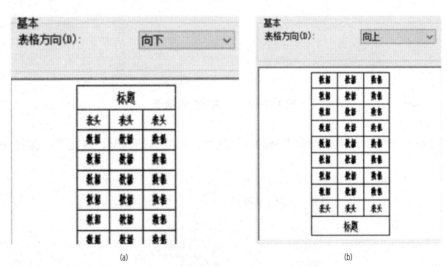

图 1-4-44　表格方向

（a）选择"向下"；（b）选择"向上"

"单元样式"下拉列表：有"标题""表头""数据"三种选择，分别对标题、表头和数据的部分进行设置。

"基本"选项卡：可以设置表格的填充颜色、对齐方式、数据格式、类型、页边距等属性，如图 1-4-45 所示。

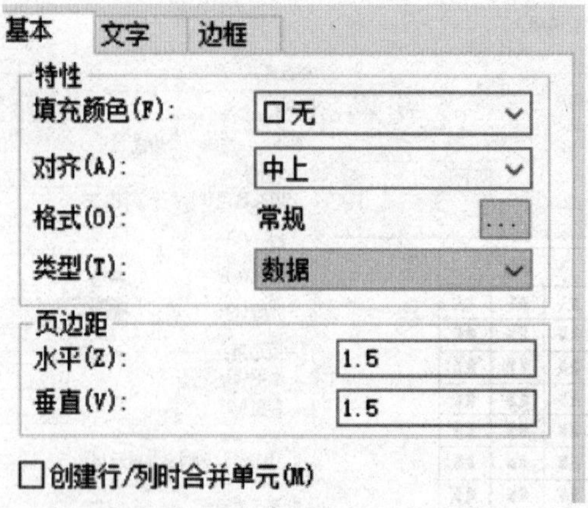

图 1-4-45　"基本"选项卡

"文字"选项卡：用于设置文字的样式、高度、颜色等属性，如图 1-4-46 所示。

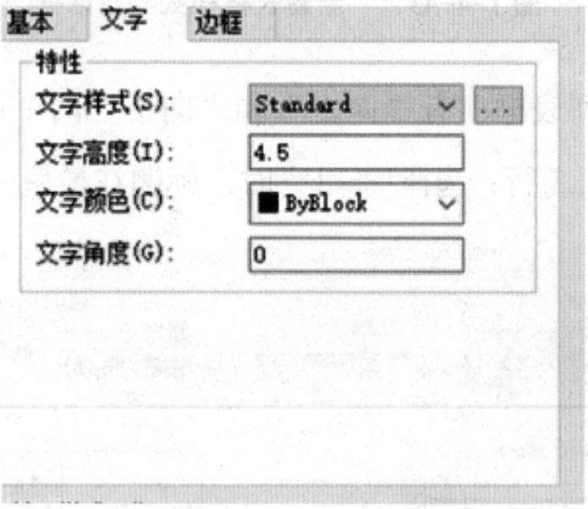

图 1-4-46　"文字"选项卡

"边框"选项卡：用于设置表格的线框属性，如线框的线型、线宽等，如图 1-4-47 所示。

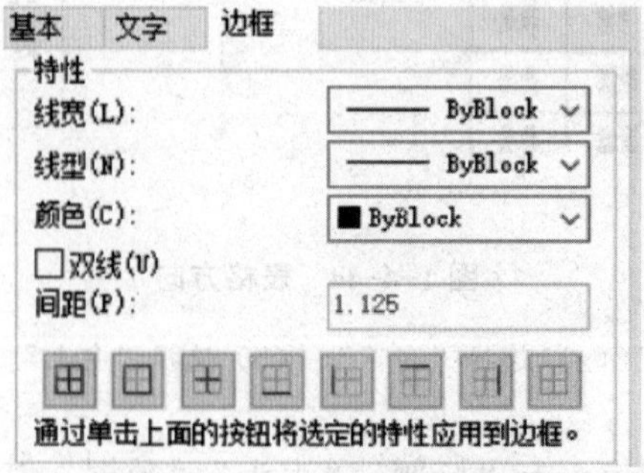

图 1-4-47　"边框"选项卡

若要对已有表格样式进行修改，只需在"表格样式"对话框中（图 1-4-48）单击"修改"按钮，系统将弹出"修改表格样式"对话框（图 1-4-49）。

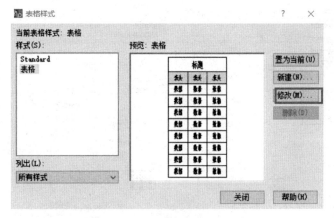

图 1-4-48 "表格样式"对话框

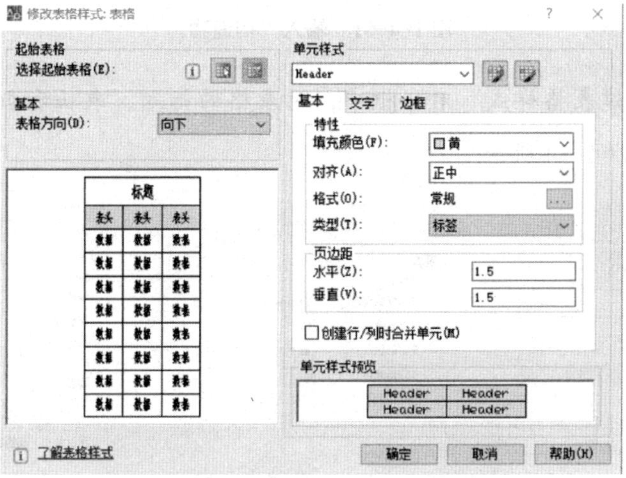

图 1-4-49 "修改表格样式"对话框

"修改表格样式"对话框中的设置方法与"新建表格样式"对话框基本相同。

若要删除某个表格样式，只需在"表格样式"对话框中选择该样式，然后单击"删除"按钮即可。但应注意的是，正在使用的表格样式不能被删除。

【例1-4-5】使用新建表格样式功能，创建图 1-4-50 所示的表格。

（1）在命令行中输入"table"，系统将弹出"插入表格"对话框，再单击"表格样式"按钮。

（2）在"表格样式"对话框中，单击"新建"按钮，在弹出的"创建新的表格样式"对话框中，输入新样式名称："构造物"，如图 1-4-51 所示。

构造物统计表			
小桥	中桥	大桥	涵洞

图 1-4-50 构造物统计表

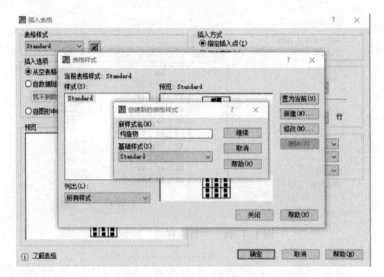

图 1-4-51　输入"构造物"

（3）在"新建表格样式"对话框中，对表格的标题、表头和数据进行设置，如图 1-4-52 ~ 图 1-4-54 所示。

图 1-4-52　对"标题"进行设置

注意：在设置标题时，字体使用宋体。

图 1-4-53　对"表头"进行设置

注意：表格的外框线宽是 0.3 mm，内框是 0.18 mm，这需要分别进行设置。

图 1-4-54 对"数据"进行设置

3. 合并单元格

绘制好的表格，可以像 Excel 一样合并单元格。如图 1-4-55 所示，A、B 两个单元格需要合并。

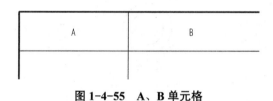

图 1-4-55 A、B 单元格

（1）可以按住 Shift 键，选中 A、B 两个单元格，如图 1-4-56 所示。

图 1-4-56 选中 A、B 两个单元格

（2）在弹出的"表格"工具栏中，单击"合并"按钮，如图 1-4-57 所示，就可以将 A 和 B 两个单元格进行合并。

图 1-4-57 "合并"和"取消合并"按钮

1. 绘制图 1-4-58 所示的图形，并进行标注。

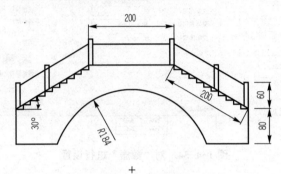

图 1-4-58　练习题 1 图

2. 绘制图 1-4-59 所示的图形，并进行标注。

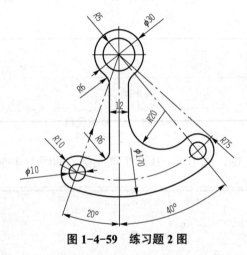

图 1-4-59　练习题 2 图

3. 完成图 1-4-60 所示的标注，注意要求保护基线标注和连续标注。

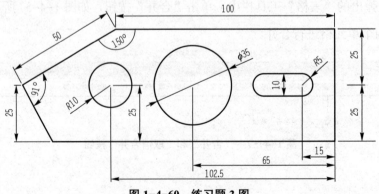

图 1-4-60　练习题 3 图

4. 绘制一个 420 mm × 297 mm 的图框，图框中附注部分用多行文本输入，其余均用单行文本输入，字体为宋体，高宽比例为0.707，字体大小自定，如图1-4-61所示。

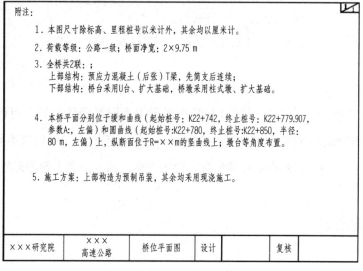

图 1-4-61 练习题 4 图

5. 绘制图 1-4-62 所示的表格。

项目 材料	单位	边跨T梁		边跨T梁（5×30）		中跨T梁		现浇层、桥面铺装		
		预制部分	现浇部分	预制部分	现浇部分	预制部分	现浇部分	边跨	边跨	中跨
C50混凝土	m³	196.9	31.0	196.4	31.0	192.7	40.4			
C40混凝土	m³							45.4	44.7	45.4
钢绞线	kg	6466.5		6454.0		5674.9				
HPB300钢筋	kg	7460.0	235.4	7396.1	235.4	7362.1	270.9			
HRB335钢筋	kg	35540.2	7572.3	35587.2	7582.5	35792.6	9272.9			
D10带肋钢筋焊网	kg							5875.0	5875.0	5875.0
锚具 M15-8	套	10.0		10.0		42.0				
锚具 M15-9	套	20.0		20.0						
锚具 M15-10	套	12.0		12.0						
锚具 M15-5	套		28.0		28.0		56.0			

图 1-4-62 练习题 5 图

任务五　图层

对于复杂的图形，为了便于区分和管理图形中不同类型的对象，可以创建多个图层，将同一类型的图形对象归类在同一个图层中，并对不同的图层设置不同的颜色、线型和线宽，这不仅能整理图形的各种信息，便于观察，而且也会方便图形的编辑和输出。

一、创建图层

图层的概念类似于将不同图形画在不同的透明纸上，然后将这些纸叠在一起就形成了最终的图形。通过创建图层，可以将类型相似的对象指定给同一图层以使其相互关联，如可以将轴线、轮廓线、标注和文字说明置于不同的图层上。

新建图层的方法：在菜单栏中选择"格式"→"图层"命令，或者在"图层"工具栏中单击按钮 🥞，或者在命令行中输入"layer"，都可以弹出"图层特性管理器"对话框，如图 1-5-1 所示。

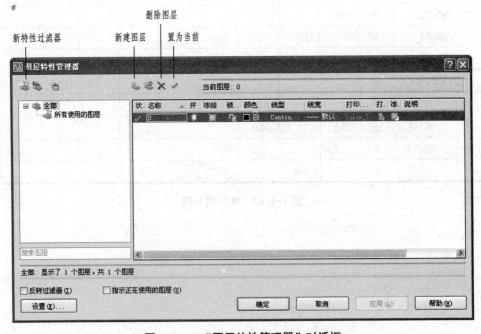

图 1-5-1　"图层特性管理器"对话框

在"图层特性管理器"对话框中单击"新建图层"按钮，可以创建一个默认名称为"图层 1"的新图层，且该图层与当前图层的状态、颜色、线性、线宽等设置相同，如图 1-5-2 所示。

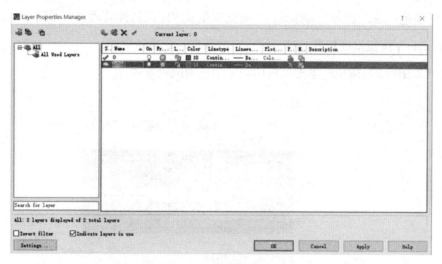

图 1-5-2　创建新图层

创建了新图层后，就可以对新图层的颜色、线型、线宽等属性进行设置，如图 1-5-3 所示。

图 1-5-3　设置属性

（1）设定图层颜色。单击"颜色"属性栏下的文字，系统的弹出"选择颜色"对话框，如图 1-5-4 所示。

在"选择颜色"对话框中，有"索引颜色""真彩色""配色系统"选项卡供选择颜色。

1）"颜色"文本框：该文本框用于编辑和显示所选颜色的名称和序号。

2）"ByLayer"按钮：单击该按钮确定颜色为随层方式，即所绘图形实体的颜色与所在图层颜色一致。如果"选择颜色"对话框是从"图层特性管理器"对话框中打开，则"ByLayer"按钮呈现灰色，这表示设定的颜色一定是随层的。

3）"ByBlock"按钮：单击该按钮确定颜色为随块方式。

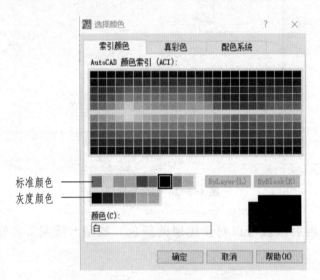

图 1-5-4 "选择颜色"对话框

（2）设定图层线型。单击"线型"列的"Continuous"字段，系统将弹出"选择线型"对话框，如图1-5-5所示。

在"选择线型"对话框的"已加载的线型"列表框中，可以选择需要的线型，然后单击"确定"按钮，选择的线型将应用到图层中。默认情况下，"已加载的线型"列表框中只有"Continuous"线型，即实线。

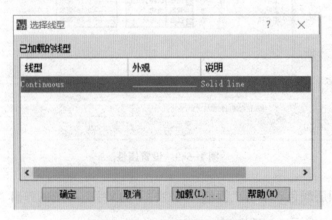

图 1-5-5 "选择线型"对话框

如果需要使用"Continuous"以外的线型，则需要单击"选择线型"对话框中的"加载"按钮，系统将弹出"加载或重载线型"对话框，如图 1-5-6 所示。

在"加载或重载线型"对话框中的"可用线框型"列表框中，选择其中一种线型，再单击"确定"按钮，就可以将所选择的线型载入到"选择线型"对话框的"已加载的线型"列表框中。

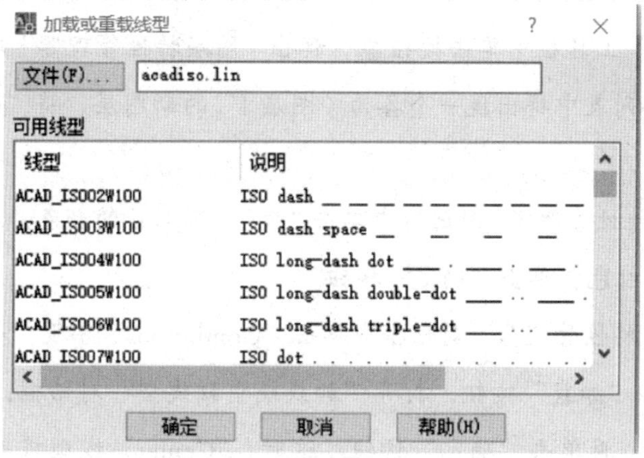

图 1-5-6 "加载或重载线型"对话框

（3）设定图层线宽。在"线宽"列中单击某图层对应的"默认"字段，系统将弹出"线宽"对话框，如图 1-5-7 所示

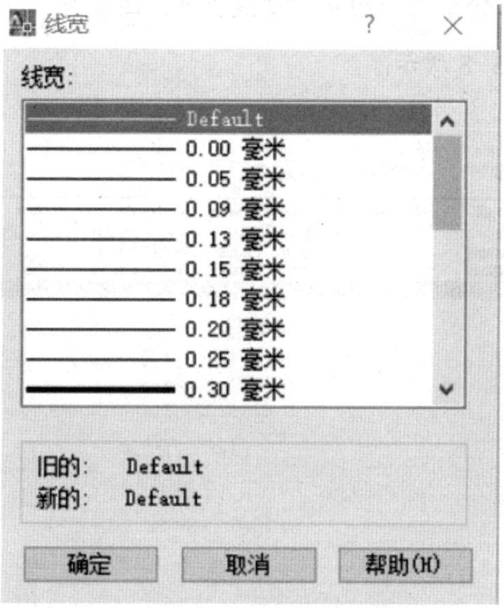

图 1-5-7 "线宽"对话框

在"线宽"对话框中有 20 多种线宽可供选择。选择需要的线宽，然后单击"确定"按钮，选择的线形将应用到图层中。

【例 1-5-1】按表 1-5-1 的要求创建 3 个图层。

表 1-5-1 【例 1-5-1】表

图层名称	颜色	线型	线宽
辅助线	红色	Center	0.18
细实线	黄色	Continuous	0.25
轮廓线	黑色	Continuous	0.3

（1）在"图层"工具栏中单击按钮 🗐，弹出"图层特性管理器"对话框；单击"新建"按钮，在图层列表中将出现一个各为"图层 1"的新图层，将"图层 1"改为"辅助线"。

（2）在"图层特性管理器"对话框中单击"颜色"列对应的颜色，在弹出的"选择颜色"对话框中选择红色，单击"确定"按钮。

（3）在"图层特性管理器"对话框中单击"Continuous"字段，在弹出的"选择线型"对话框中单击"加载"按钮，打开"加载或重载线型"对话框，在该对话框中选择"Center"线型，再单击"确定"按钮，这时，"Center"线型将载入"选择线型"对话框"已加载的线型"列表框中，即可以为"辅助线"图层选择"Center"线型。

（4）在"图层特性管理器"对话框中单击"线宽"列对应的字段，在弹出的"线宽"对话框中选择 0.18 mm 线宽。

（5）"细实线"和"轮廓线"图层的创建重复上述步骤。

创建的图层如图 1-5-8 所示。

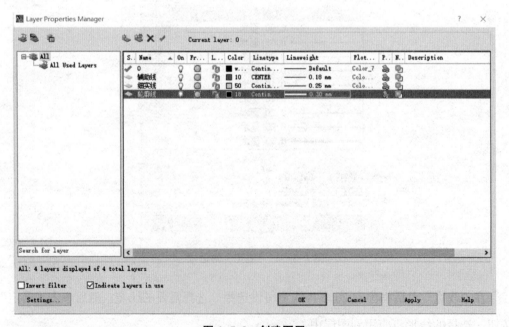

图 1-5-8　创建图层

二、管理图层

图层建立完成后,需要对其进行管理,在"图层特性管理器"对话框中还可以设置图层的切换、重命名及图层的显示控制等,如图 1-5-9 所示。

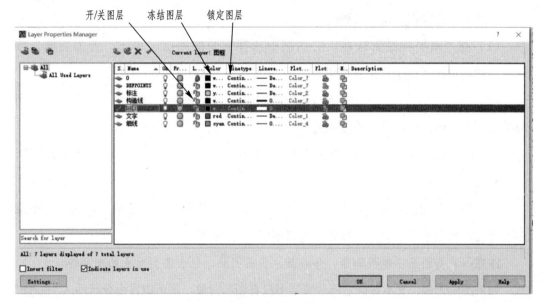

图 1-5-9　管理图层

1. 图层的显示控制

(1)开/关图层。打开和关闭所选图层。当图层打开时,图层可见并且能够打印,这时,开/关列的灯泡图标为 💡;当图层关闭时,图层不可见且不能够打印,即使已打开"打印"选项也不能打印,这时,开/关列的灯泡图标为 💡。打开和关闭图层时,不会重生成图形。

(2)冻结/解冻图层。单击"冻结/解冻"列中的太阳图标 ☀,或者雪花图标 ❄,就可以冻结或解冻图层。冻结图层可以提高 ZOOM、PAN 和其他若干操作命令的运行速度,提高对象选择并减少复杂图形的重生成时间。图层冻结后,显示为雪花图标 ❄,被冻结的图层不能被显示出来,也不能打印输出和渲染。冻结的图层和关闭的图层是相同的,但冻结的图层不参加处理过程中的运算,关闭图层的对象则会参加运算。所以,对于复杂的图形来说,冻结不需要的图层可以提高图形的重新生成速度。

注意:不能冻结当前图层,也不能将冻结图层改为当前图层,否则将会弹出"警告信息"对话框。

（3）锁定图层。单击"锁定"列中开锁图标 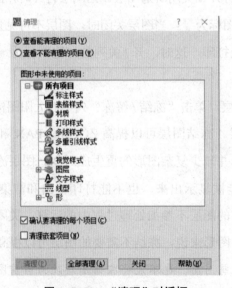或闭锁图标 ，就可以解锁或者锁定某个图层。锁定某个图层时，显示的是闭锁图标 。此时，无法编辑该图层上的所有对象，也不能修改图形对象的特性，但是可以在该图层上绘制新图形，还可以使用"查询"命令和对象捕捉等功能。

2．设置当前图层

在绘图过程中，需要实时改变当前图层，以方便将图形分类绘制到相应的图层中。切换图层的操作有以下几种：

（1）在"图层特性管理器"对话框中选择需要的图层，单击"置为当前"按钮 ，然后单击"确定"按钮即可。

（2）在"图层特性管理器"对话框中双击所需要的图层，即可使得该图层变为当前图层，然后单击"确定"按钮即可。

（3）从"图层"下拉列表框中直接选择所需要的图层，则可将选择的图层置为当前图层。

3．删除图层

对于没用的图层，可以将其删除。在"图层特性管理器"对话框中，选择一个或多个图层，然后单击"删除"按钮，即可删除所选的图层。

注意：有些图层不能被删除，如0层、当前图层、包含图形对象的图层等。

如果图层太多，又不好确定哪些图层中没有图形对象，则可以在命令行输入"purge"命令（或者"pu"），这时将弹出"清理"对话框，如图1-5-10所示。

单击"清理"对话框中的"全部清理"按钮，即可以清除所有无用的项目，从而节省存储空间。

图1-5-10　"清理"对话框

课后练习

试创建如图 1-5-11 所示的图层。

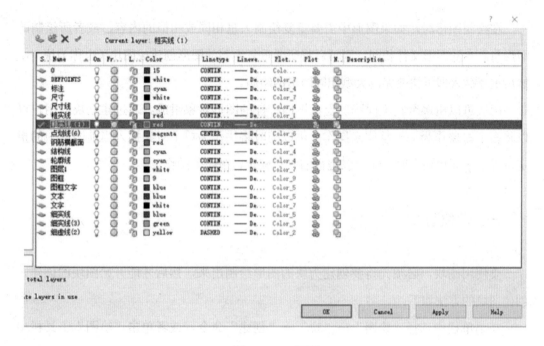

图 1-5-11　图层

任务六　图块

在绘制图形时，如果图形中需要重复绘制大量相同或相似的内容，或者所绘制的图形与已有的图形文件相同，则可以将所要重复绘制的图形创建成图块（也称为块），然后重复插入即可快速完成大型相同图形的绘制。

图块可以由多个在不同图层上、不同特性的图形对象组成。通过建立块，用户可以将多个对象作为一个整体来操作，可以随时将块作为单个对象插入当前图形中的指定位置上，而且插入时，还可以进行缩放、旋转、镜像等操作。

一、创建图块

要使用图块，必须先将要创建为块的图形绘制出来，然后才能开始图块的创建。创建图块的方法如下：

在菜单栏中选择"绘图"→"块"→"创建"命令，或者单击"绘图"工具栏中的按钮，或者在命令行中输入"block"（或者"b"），系统将弹出"块定义"对话框，如图 1-6-1 所示。

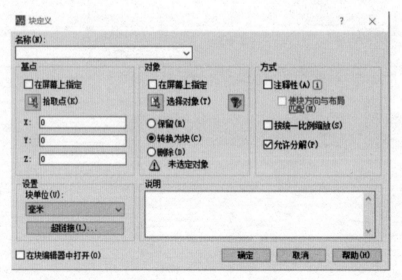

图 1-6-1　"块定义"对话框

在"块定义"对话框中，各项的定义如下：

（1）"名称"下拉列表框：用于设置图块的名称。单击下拉列表，将会出现当前图形文件中所有已定义的图块的名称。

（2）"基点"选项组：用于设置块的基点位置，即块的基点的坐标。该基点也就是块插入时的基准点。

1）"拾取点"按钮：单击该按钮，将自动切换到绘图窗口，这时只需要利用鼠标拾取某点作为基点即可。

2）"X""Y""Z"文本框：在文本框内输入坐标值，则定义了基点位置。

（3）"选择对象"按钮：单击该按钮，AutoCAD将会切换到绘图窗口。这时，只需要在绘图窗口中选择图形作为块中包含的对象即可。

（4）"保留"单选按钮：勾选该单选按钮，则块中图形对象选择前的所有特性都被保留。

（5）"转换为块"单选按钮：勾选该单选按钮，系统将会在创建块的同时，把在图形中选中的组块图形对象也转换成块。

（6）"删除"单选按钮：勾选该单选按钮，系统将在创建块后，在图形中删除组成块的原始图形对象。

（7）"注释性"复选框：所选图形插入其他图形是否表现为注释性块。

（8）"按统一比例缩放"复选框：使用统一比例缩放图块。

（9）"允许分解"复选框：勾选后，允许将图块进行分解。

（10）"块单位"下拉列表：用于指定块插入时使用的单位。

使用"block"命令创建的是内部块，只能在当前图形文件中重复调用，离开当前图形文件无效。如果要让图块可以在任何图形文件中都可以使用，则要采用"wblock"命令。在命令行中输入"wblock"，系统将弹出"写块"对话框，如图1-6-2所示。

在"写块"对话框中，各项的含义如下：

（1）"块"单选按钮：勾选该单选按钮后，可以从下拉列表框中选中写块时的源。若该图形不包含块，则此项灰显。

（2）"整个图形"单选按钮：勾选该单选按钮后，整个图形作为写块的源。

（3）"对象"单选按钮：勾选该单选按钮后，定义块中包含的对象。

【例1-6-1】将图1-6-3所示的公里桩创建为图块，名称为"glz"。

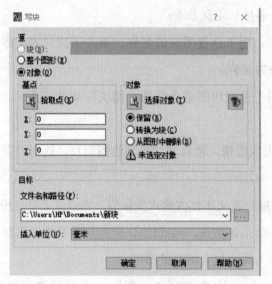

图 1-6-2 "写块"对话框　　　　　　　　　　　　　　**图 1-6-3** 公里桩

在命令行输入"block"，系统弹出"块定义"对话框，如图 1-6-4 所示。在"块定义"对话框中进行相应设置，最后单击"确定"按钮即可。

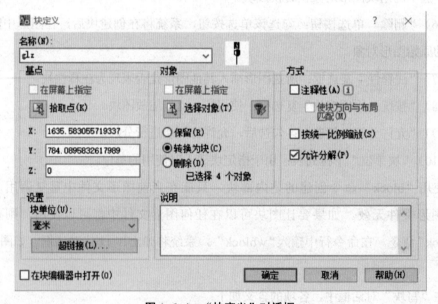

图 1-6-4 "块定义"对话框

二、插入图块

1. 单个图块插入

在绘图时，如果需要使用已创建的图块，则需要用到"插入"命令。"插入"命令的操作方式：在菜单栏中选择"插入"→"块"命令，或者在"绘图"工具栏中单击图标按钮🔳，或者在命令行中输入"insert"，系统都将弹出"插入"对话框，如图 1-6-5 所示。该对话框中的选项含义如下：

（1）"名称"下拉列表框：在下拉列表框中输入要插入图块的名称。如果不记得图块准确的名称，可单击旁边的"浏览"按钮，在弹出的"选择图形文件"对话框中选择要插入的图块，也可以将图块插入图形中。

（2）"插入点"选项组中的"X""Y""Z"文本框：在这三个文本框中输入坐标值，可以确定图块插入的位置，但 AutoCAD 的坐标往往很复杂，所以，建议勾选"在屏幕上指定"复选框，这时，只需要用鼠标直接在屏幕上拾取图块插入点位置即可。

（3）"比例"选项组中的"X""Y""Z"文本框：用于确定 X、Y、Z 三个方向的缩放比例。如果勾选"在屏幕上指定"复选框，则可以在绘图窗口中利用鼠标设备或在命令行中设置比例因子。

（4）"旋转"选项组：用来设置图块的选择角度。

（5）"分解"复选框：勾选该复选框后，则可将插入的图块分解成若干可以单独编辑的图形实体，否则插入后的图块是一个整体。

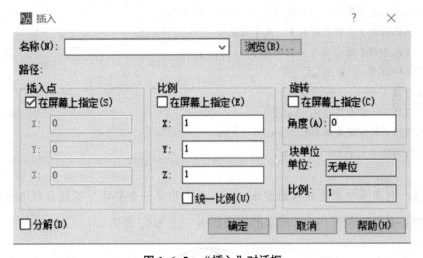

图 1-6-5　"插入"对话框

【例 1-6-2】将图 1-6-3 中所示的"公里桩"图块，放大一倍插入同一个图形文件中。

（1）在命令行输入"insert"，系统弹出"插入"对话框，如图 1-6-6 所示。

（2）在"插入"对话框中进行相应参数设置，插入位置可用鼠标在绘图窗口中指定。插入后的效果如图 1-6-7 所示。

图 1-6-6　插入设置　　　　　　　　　　　　　　　　图 1-6-7　放大插入

2. 多个图块插入

多个图块插入是指在图形中以矩形阵列方式插入多个图块。执行命令的方式是：在命令行中输入"minsert"。

命令执行过程如下：

```
命令：minsert
输入块名或 [?]<ee>：
单位：毫米　转换：1.0000
指定插入点或 [ 基点（B）/ 比例（S）/X/Y/Z/ 旋转（R）]：
输入 X 比例因子，指定对角点，或 [ 角点（C）/XYZ（XYZ）]<1>：0.5↙
输入 Y 比例因子或 < 使用 X 比例因子 >：0.5↙
指定旋转角度 <0>：30↙
输入行数（---）<1>：3↙
输入列数（|||）<1>：3↙
输入行间距或指定单位单元（---）：100↙
指定列间距（|||）：100↙
```

注意：利用多个图块插入的方法，插入的图形是一个整体，不能分别进行编辑。

【例 1-6-3】 将图 1-6-8 所示的图块插入一个 3×3 矩阵。

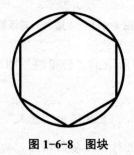

图 1-6-8　图块

命令执行过程如下：

命令：minsert
输入块名或 [?]<cc>：
单位：毫米转换：1.0000
指定插入点或 [基点（B）/ 比例（S）/X/Y/Z/ 旋转（R）]：
输入 X 比例因子，指定对角点，或 [角点（C）/XYZ（XYZ）]<1>： ✓
输入 Y 比例因子或 < 使用 X 比例因子 >： ✓
指定旋转角度 <0>： ✓
输入行数（---）<1>：3 ✓
输入列数（| | | |）<1>：3 ✓
输入行间距或指定单位单元（---）：40 ✓
指定列间距（| | | |）：40 ✓

绘制结果如图 1-6-9 所示。

图 1-6-9　矩阵效果

三、编辑图块

1. 图块的分解

图块在创建后，得到的是一个整体，若要对图块中的某个图形元素对象进行修改，则需要将图块整体分解成为单个的图形元素。这时，可以采用编辑命令中的"explode"分解命令分解图块。

2. 图块的编辑

若要修改图块中的图形元素，如图形对象的颜色、线型、线宽等，可使用"bedit"命令。

【例 1-6-4】图 1-6-10 为一图块，试将其中的圆改为实线线型。

在命令行中输入"bedit"，系统弹出如图 1-6-11 所示"编辑块定义"对话框。

图 1-6-10　图块　　　　　　　图 1-6-11　"编辑块定义"对话框

选择需要修改的块名称，单击"确定"按钮后，界面变为如图 1-6-12 所示的形式，在其中修改线型。选择"关闭块编辑器"命令，在弹出的对话框中选择"保存到图块"，即可将图块的线型修改为所需线型。

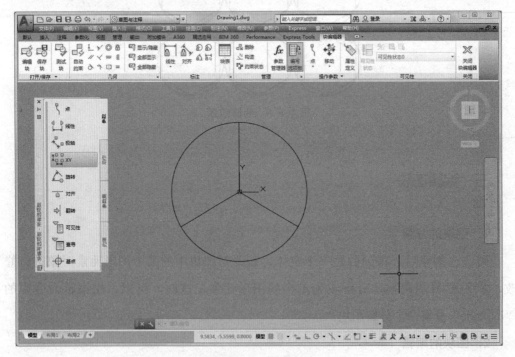

图 1-6-12　修改线型

修改结果如图 1-6-13 所示。

若同一个文件中插入了若干相同的图块，使用"bedit"命令则能一次性将所有相同图块的图形元素进行统一修改。

图 1-6-13　修改
后的图块

3. 删除多余的块定义

对于没有用的块，可以使用"purge"（简写"pu"）命令进行清理。

➤ 课后练习

绘制图 1-6-14 所示的指北针，并将其创建为图块，插入其他图形文件中。

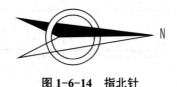

图 1-6-14　指北针

任务七　图纸的打印和输出

图纸绘制完成后，就可以将其打印输出，即打印成纸质文件供后续使用。另外，AutoCAD 还可以输出为其他格式的文件保存（如 PDF 格式、JPG 格式等），方便Word 文档使用。

一、图纸打印

1. 创建和管理布局

在 AutoCAD 中，日常用于绘图的，被称为模型空间。除此之外，还有可以设置打印输出的布局空间。对于模型空间和布局空间，可以在绘图窗口下方通过"模型"和"布局"选项卡进行切换，如图 1-7-1 所示。"模型"选项卡用于在模型空间中建立和编辑图形，该选项卡不能被删除和重命名；"布局"选项卡用于编辑打印图形的图纸，其个数没有限制，并可以进行删除和重命名操作。

模型　布局1　布局2

图 1-7-1　"模型"和

"布局"选项卡

在"布局"选项卡上单击鼠标右键，从弹出的快捷菜单中（图1-7-2）选择"新建布局"命令，系统将自动添加一个名为"布局3"的布局。同样，在弹出的快捷菜单中选择"重命名"命令，可以给布局重新命名；选择"删除"命令可以删除布局。

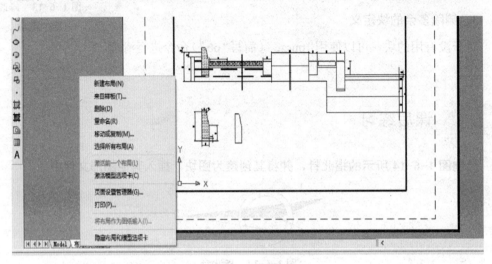

图1-7-2　快捷菜单

2. 图纸打印

图纸打印也可以直接在模型空间完成。在菜单栏中选择"文件"→"打印"命令，或者在工具栏中单击"打印"按钮，都可以弹出"打印"对话框，如图1-7-3所示。

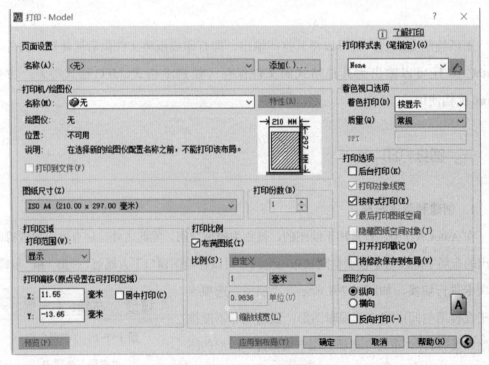

图1-7-3　"打印"对话框

在"打印"对话框"页面设置"选项组内（图1-7-4），在"名称"下拉列表中选择"上一次打印"，则可以重复打印上次打印的内容；如果是打印新内容，在这里可不用进行任何设置。

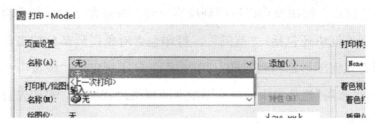

图1-7-4 "名称"下拉列表

"打印机/绘图仪"选项组（图1-7-5）可用来设置计算机所连接的打印机名称。如果没有真实打印机，可以选择"打印到PDF"，AutoCAD会进行虚拟打印，将图形以PDF格式保存。

图1-7-5 "打印机/绘图仪"选项组

"图纸尺寸"选项组（图1-7-6），用来设置图纸输出的尺寸。

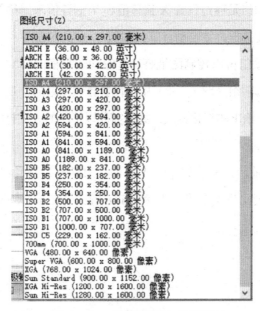

图1-7-6 "图纸尺寸"选项组

"打印区域"选项组（图 1-7-7）用来设置打印的内容。在"打印范围"下拉列表框中选择"窗口"，将会返回到模型空间，通过框选可以选择图纸打印的内容；单击旁边的"窗口"按钮也可以返回到模型空间，框选需要打印的内容。在"打印范围"下拉列表框中还包括："范围"，打印包含对象图形部分的当前空间，当前空间内的所有几何图形都将被打印；"显示"，打印选定的"模型"选项卡当前视口中的视图或"布局"选项卡中的当前图纸空间视图；"视图"，打印先前通过"view"命令保存的视图。

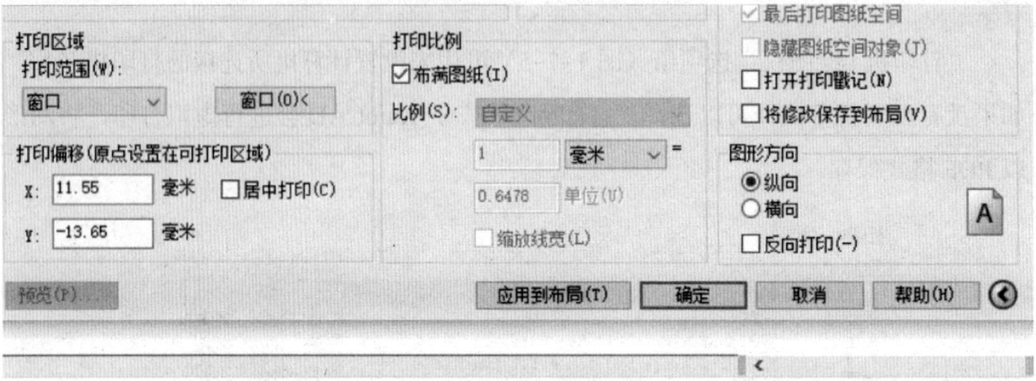

图 1-7-7　打印区域设置

"打印比例"选项组是根据需要对图形打印的比例进行设置。AutoCAD 是矢量图形软件，任意比例的设置都不会影响其最终成图的清晰度。因此，图形既可以按 1∶1 打印，也可以放大比例或者缩小比例打印。

"打印偏移"选项组是通过设置 X 偏移值和 Y 偏移值来偏移图纸上的几何图形。如果勾选"居中打印"复选框，则自动计算偏移值。

"图形方向"选项组可以控制图纸打印是纵向还是横向。

"打印样式表"选项组（图 1-7-8）用于设置打印图形的外观。其可以创建新的打印样式，也可以设置图形输出的淡显方式。如果需要以不同的方式打印同一图形，也可以使用不同的打印样式。

在图纸正式打印前，用户可以单击"打印"对话框左下角的"预览"按钮来观察图形的打印效果。要退出预览效果，直接按 Esc 键或者 Enter 键即可。

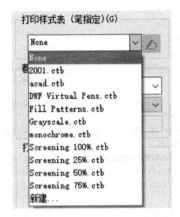

图 1-7-8　打印样式表

二、图纸输出

1．输出为 PDF 格式

要将 AutoCAD 图纸保存为 PDF 格式，可打开"打印"对话框，在"打印机 / 绘图仪"选项组"名称"下拉列表框中选择"Microsoft Print to PDF"选项，如图 1-7-9 所示。

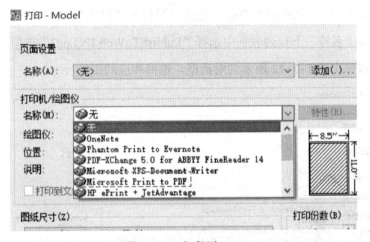

图 1-7-9　打印到 PDF

设置好打印区域、打印样式、图纸尺寸等属性以后，单击"确定"按钮，系统将弹出"将打印输出另存为"对话框（图 1-7-10），编辑好文件名称，单击"保存"按钮，即可以将图形文件另存为 PDF 格式。

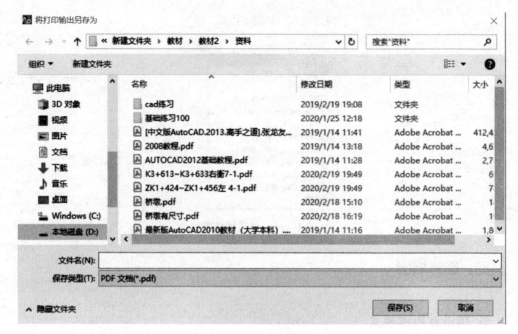

图 1-7-10　另存为 PDF

2．输出为 JPG 格式

要将 AutoCAD 图纸保存为 JPG 等格式，可打开"打印"对话框，在"打印机 / 绘图仪"选项组"名称"下拉列表框中选择"PublishToWeb JPG.pc3"选项，如图 1-7-11所示，系统将弹出图 1-7-12 所示的对话框，选择相应的图纸尺寸。

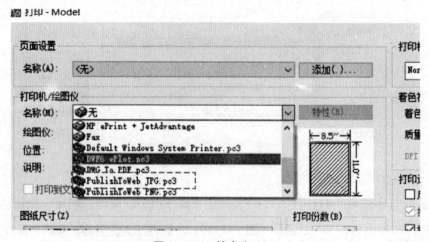

图 1-7-11　输出为 JPG

设置打印区域、打印样式、图纸尺寸等属性以后，单击"确定"按钮，在弹出的对话框中编辑好文件名称，单击"保存"按钮即可以将图形文件另存为 JPG格式。

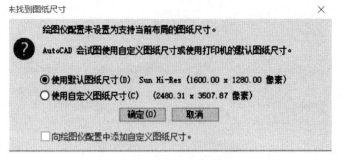

图 1-7-12 设置图纸尺寸

课后练习

　　请自行挑选任务三或任务四中的两道习题进行输出打印，格式分别保存为 PDF 和 JPG 两种，图幅分别为 A3 和 A4。

项目二　综合应用与提高

任务一　命令的综合使用

一、几种典型图形的快速绘制

本任务主要通过实例介绍 AutoCAD 命令的综合使用。

1. 绘制门把手（图 2-1-1）

要绘制图 2-1-1 所示的门把手，首先，仔细观察图纸，了解组成门把手的图形元素及其尺寸；然后，思考会使用到哪些命令。要完成这个图形的绘制，大概需要使用到"直线""偏移""圆"等命令。

微课：绘制门把手

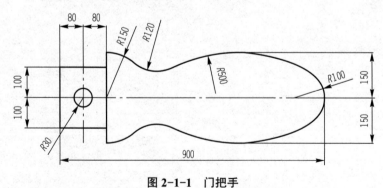

图 2-1-1　门把手

具体执行操作过程如下：

（1）用"直线"命令和"偏移"命令确定几个重要的位置，如图 2-1-2 所示。

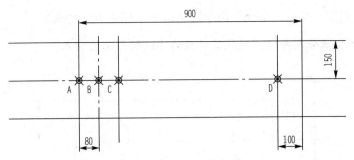

图 2-1-2　确定重要位置

（2）以 B 点为圆心绘制半径为 30 的圆，以 C 点为圆心绘制半径为 150 的圆，以 D 点为圆心绘制半径为 100 的圆。

命令执行过程如下：

```
命令：c↙
CIRCLE
指定圆的圆心或 [三点（3P）/两点（2P）/相切、相切、半径（T）]：
指定圆的半径或 [直径（D）]：30↙
命令：c↙
CIRCLE
指定圆的圆心或 [三点（3P）/两点（2P）/相切、相切、半径（T）]：
指定圆的半径或 [直径（D）]<30.0000>：150↙
命令：c↙
CIRCLE
指定圆的圆心或 [三点（3P）/两点（2P）/相切、相切、半径（T）]：
指定圆的半径或 [直径（D）]<150.0000>：100↙
```

绘制结果如图 2-1-3 所示。

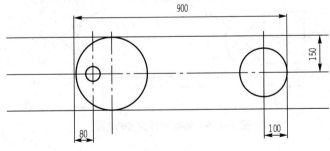

图 2-1-3　绘制图

（3）用"修剪"命令和"偏移"命令，绘制门把手的尾部。绘制结果如图 2-1-4 所示。

注意： 这里将以 C 点为圆心、半径为 150 的圆修剪了一半。

（4）用"相切、相切、半径"命令绘制两个半径为 500 的圆。

注意：圆的切点分别要捕捉直线及半径为 100 的圆上的切点。

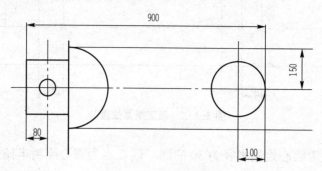

图 2-1-4 修剪与偏移

命令执行过程如下：

```
命令：_circle
指定圆的圆心或 [三点（3P）/两点（2P）/相切、相切、半径（T）]：_ttr
指定对象与圆的第一个切点：                              // 捕捉直线上的点
指定对象与圆的第二个切点：                        // 捕捉半径为 100 的圆上的切点
指定圆的半径 <100.0000>：500 ↙
命令：_circle
指定圆的圆心或 [三点（3P）/两点（2P）/相切、相切、半径（T）]：_ttr
指定对象与圆的第一个切点：                              // 捕捉直线上的点
指定对象与圆的第二个切点：                        // 捕捉半径为 100 的圆上的切点
指定圆的半径 <500.0000>：500 ↙
```

绘制结果如图 2-1-5 所示。

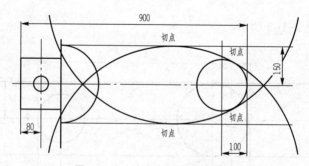

图 2-1-5 绘制半径为 500 的圆

（5）重复第 4 步绘制两个半径为 120 的圆。同样，要注意对切点位置的捕捉。绘制结果如图 2-1-6 所示。

（6）用"修剪"命令，对图 2-1-6 进行修剪，将多余的部分修剪掉，可得到图 2-1-7 所示的门把手。

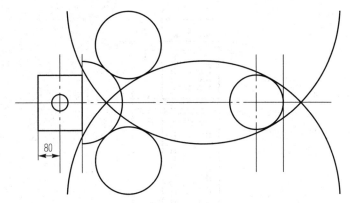

图 2-1-6　绘制半径为 120 的圆

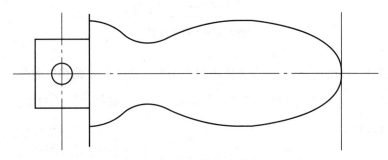

图 2-1-7　修剪完成

2．绘制栏杆（图 2-1-8）

绘制图 2-1-8 所示的栏杆。该栏杆为对称图形，可先画一边，再用"镜像"命令复制另一边即可，需要用到"矩形""直线""偏移""修剪"等命令。

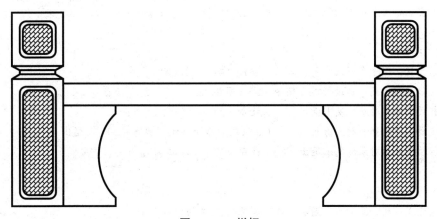

图 2-1-8　栏杆

具体操作过程如下：

（1）绘制栏杆的立柱部分，如图 2-1-9 所示。分析图形可知，立柱头部需要使用到"矩形"命令和"偏移"命令。此绘制过程比较简单。

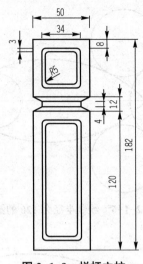

图 2-1-9 栏杆立柱

（2）绘制栏杆立柱的下部。需要使用到"矩形"命令和"偏移"命令。

注意：定下部位置时可以使用"捕捉"工具栏中的"捕捉自" 功能。

命令执行过程如下：

```
命令：_rectang
指定第一个角点或 [ 倒角（C）/标高（E）/圆角（F）/厚度（T）/宽度（W）]：_from 基点：
< 偏移 >：@12<-90✓           // 选择"捕捉自"按钮，然后捕捉 A 点，再输入极轴坐标
指定另一个角点或 [ 面积（A）/尺寸（D）/旋转（R）]：d✓
指定矩形的长度 <50.0000>：50✓
指定矩形的宽度 <50.0000>：120✓
指定另一个角点或 [ 面积（A）/尺寸（D）/旋转（R）]：✓
命令：o✓
OFFSET
当前设置：删除源 = 否   图层 = 源   OFFSETGAPTYPE=0
指定偏移距离或 [ 通过（T）/删除（E）/图层（L）]< 通过 >：8✓
选择要偏移的对象，或 [ 退出（E）/放弃（U）]< 退出 >：
指定要偏移的那一侧上的点，或 [ 退出（E）/多个（M）/放弃（U）]< 退出 >：
选择要偏移的对象，或 [ 退出（E）/放弃（U）]< 退出 >：✓
命令：o✓
OFFSET
当前设置：删除源 = 否   图层 = 源   OFFSETGAPTYPE=0
指定偏移距离或 [ 通过（T）/删除（E）/图层（L）]<8.0000>：3✓
选择要偏移的对象，或 [ 退出（E）/放弃（U）]< 退出 >：
指定要偏移的那一侧上的点，或 [ 退出（E）/多个（M）/放弃（U）]< 退出 >：
选择要偏移的对象，或 [ 退出（E）/放弃（U）]< 退出 >：✓
```

绘制结果如图 2-1-10（a）所示。然后再使用倒圆角命令，圆角半径为 5，绘制结果如图 2-1-10（b）所示。

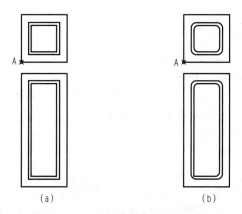

图 2-1-10　绘制栏杆立柱的下部

（3）绘制中间连接的部分。需要使用到、"偏移"命令。

注意：这里同样要用到"捕捉"工具栏中的"捕捉自" 功能。

命令执行过程如下：

```
命令: _rectang
指定第一个角点或 [倒角（C）/标高（E）/圆角（F）/厚度（T）/宽度（W）]: _from 基点:
<偏移 >: @8，-4↙        //选择"捕捉自"按钮，然后捕捉 A 点，再输入相对直角坐标
指定另一个角点或 [面积（A）/尺寸（D）/旋转（R）]: d↙
指定矩形的长度 <10.0000>: 34↙
指定矩形的宽度 <10.0000>: 4↙
指定另一个角点或 [面积（A）/尺寸（D）/旋转（R）]: ↙
```

绘制结果如图 2-1-11 所示。

图 2-1-11　绘制中间连接的部分

然后，再用"直线"命令将中间的矩形同上、下连接起来即可。

（4）绘制栏杆的连接和装饰部分。需要用到"直线"命令、"圆弧"命令和"偏移"命令。

命令执行过程如下：

```
命令：_line
指定第一点：_from基点：<偏移>：@5<-90✓
                                    //选择"捕捉自"按钮，捕捉C点
指定下一点或[放弃（U）]：<正交 开>300✓
指定下一点或[放弃（U）]：
命令：o✓
OFFSET
当前设置：删除源＝否  图层＝源  OFFSETGAPTYPE=0
指定偏移距离或[通过（T）/删除（E）/图层（L）]<3.0000>：20✓
选择要偏移的对象，或[退出（E）/放弃（U）]<退出>：
指定要偏移的那一侧上的点，或[退出（E）/多个（M）/放弃（U）]<退出>：
选择要偏移的对象，或[退出（E）/放弃（U）]<退出>：
命令：_line
指定第一点：
指定下一点或[放弃（U）]：50✓
指定下一点或[放弃（U）]：8✓
指定下一点或[闭合（C）/放弃（U）]：
命令：_line
指定第一点：
指定下一点或[放弃（U）]：50✓
指定下一点或[放弃（U）]：8✓
指定下一点或[闭合（C）/放弃（U）]：
命令：_arc
指定圆弧的起点或[圆心（C）]：
指定圆弧的端点：
二维点无效。
指定圆弧的端点：✓
```

绘制结果如图 2-1-12 所示。

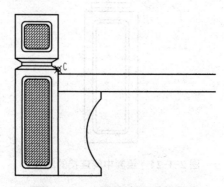

图 2-1-12 绘制栏杆和装饰部分

（5）填充图案，并用"镜像"命令复制出另一边立柱。

命令执行过程如下：

```
命令：_bhatch
拾取内部点或 [选择对象（S）/删除边界（B）]：正在选择所有对象 ...
正在选择所有可见对象 ...
正在分析所选数据 ...
正在分析内部孤岛 ...
拾取内部点或 [选择对象（S）/删除边界（B）]：
正在分析内部孤岛 ...
拾取内部点或 [选择对象（S）/删除边界（B）]：
正在分析内部孤岛 ...
拾取内部点或 [选择对象（S）/删除边界（B）]：
命令：_mirror
选择对象：指定对角点：找到 8 个
选择对象：指定对角点：找到 8 个（1 个重复），总计 13 个
选择对象：找到 1 个，总计 14 个
选择对象：找到 1 个，总计 15 个
选择对象：↙
指定镜像线的第一点：<正交 开>指定镜像线的第二点：
要删除源对象吗？[是（Y）/否（N）]<N>：
```

最终绘制结果如图 2-1-8 所示。

3. 绘制隧道内轮廓图（图 2-1-13）

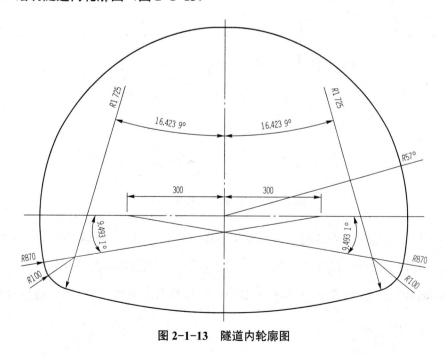

图 2-1-13 隧道内轮廓图

（1）先用点画线绘制相交的两条中轴线，然后使用"圆"命令，绘制一个半径为570的圆，圆心为中轴线交点，如图2-1-14所示。

（2）使用"偏移"命令，将垂直的中轴线在其左、右两端分别偏移复制一条，偏移距离为300；使用"修剪"命令，将图2-1-14所示的圆修剪为半圆，如图2-1-15所示。

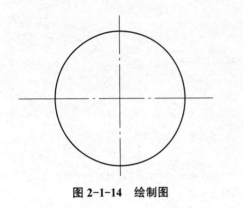

图 2-1-14　绘制图

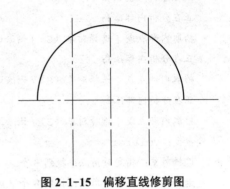

图 2-1-15　偏移直线修剪图

（3）分别以 A 点、B 点为圆心，绘制两个半径为870的圆，如图2-1-16所示。

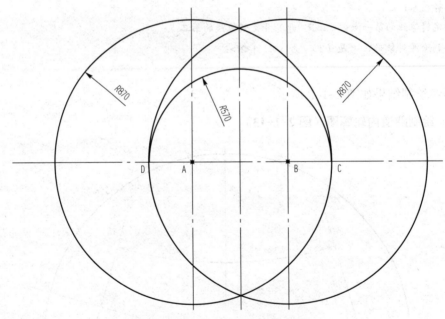

图 2-1-16　绘制半径为 870 的圆

（4）用"直线"命令连接 A、C 两点和 B、D 两点，得到两条直线 AC 和 BD；然后使用"旋转"命令，以 A 点为基点，旋转直线 AC，旋转角度为 −9.493 1°，旋转直线 BD，旋转角度为 9.493 1°，基点为 B 点；然后对两个半径为 870 的圆进行修剪，如图 2-1-17 所示。

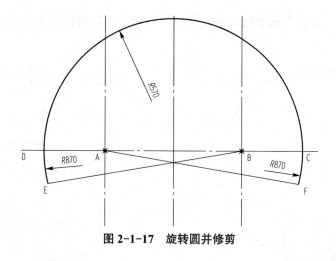

图 2-1-17　旋转圆并修剪

（5）以点 E、点 F 为圆心绘制两个半径为 100 的圆。这两个圆分别与直线 AF 和 BE 交于 J、K 两点，如图 2-1-18 所示。

（6）以 J、K 两点为圆心，绘制两个半径为 100 的圆，并删除刚才绘制的半径为 100 的圆，如图 2-1-19 所示。

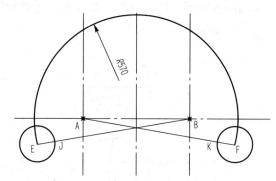

图 2-1-18　绘制半径为 100 的圆

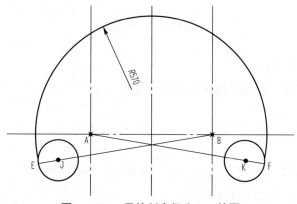

图 2-1-19　另绘制半径为 100 的圆

（7）用"相切、相切、半径"的方法，绘制半径为 1 725 的圆，如图 2-1-20 所示。

（8）使用"修剪"命令对多余的部分进行修剪，就可以得到隧道的内轮廓图，如图 2-1-21 所示。

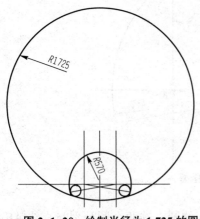

图 2-1-20　绘制半径为 1 725 的圆

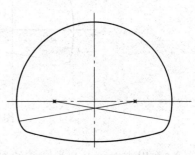

图 2-1-21　隧道内轮廓图

4．绘制挡土墙（图 2-1-22）

绘制图 2-1-22 所示的挡土墙。分析该图的特点可知，主要使用"直线"命令进行绘制，而其中泄水孔 5% 的坡度除要使用"直线"命令外，还要使用"延伸"命令。浆砌片石图例可以用样条曲线绘制。

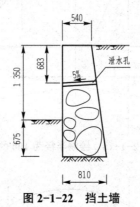

图 2-1-22　挡土墙

具体操作过程如下：

（1）使用"直线"命令绘制挡土墙的大框架。

命令执行过程如下：

```
命令：_line
指定第一点：
指定下一点或 [放弃（U）]：810↙
指定下一点或 [放弃（U）]：2025↙                    //直线 AB 的长度为 2 025
指定下一点或 [闭合（C）/放弃（U）]：540↙
指定下一点或 [闭合（C）/放弃（U）]：c↙
```

绘制结果如图 2-1-23 所示。

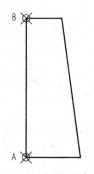

图 2-1-23　绘制挡土墙大框架

（2）绘制泄水孔。要满足 5% 的坡度，可以先绘制一个直角边为 5 和 100 的直角三角形，则该三角形的斜边就满足 5% 的坡度要求；然后将该斜边复制到挡土墙内的对应位置，再使用"延伸"命令和"偏移"命令则可以得到泄水孔。

绘制三角形命令执行过程如下：

```
命令: _line
指定第一点:                          // 先用直线"命令"绘制出直角三角形
指定下一点或 [放弃 (U)]: 5✓
指定下一点或 [放弃 (U)]: 100✓
指定下一点或 [闭合 (C) /放弃 (U)]: c✓
```

绘制结果如图 2-1-24 所示。

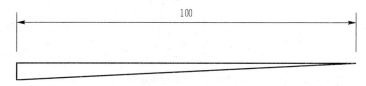

图 2-1-24　绘制三角形

绘制泄水孔命令执行过程如下：

```
命令: co✓                    // 使用"复制"命令将斜边复制到挡土墙对应的位置
COPY
选择对象: 找到 1 个
选择对象:
当前设置: 复制模式 = 多个
指定基点或 [位移 (D) /模式 (O)]<位移>:
指定第二个点或 <使用第一个点作为位移>: _from
基点: <偏移>: @0, -683✓
// 使用"捕捉"工具栏中的"捕捉自"按钮 ，捕捉挡土墙上的 B 点，然后输入相对坐标 @0, -683✓
```

指定第二个点或 [退出（E）/ 放弃（U）]< 退出 >：↙

命令：_extend   //将斜边复制到相应位置后将其延伸即可得到 5% 坡度的直线

当前设置：投影 =UCS，边 = 无

选择边界的边 ...

选择对象或 < 全部选择 >：找到 1 个

选择对象：

选择要延伸的对象，或按住 Shift 键选择要修剪的对象，或

[栏选（F）/ 窗交（C）/ 投影（P）/ 边（E）/ 放弃（U）]：

选择要延伸的对象，或按住 Shift 键选择要修剪的对象，或

[栏选（F）/ 窗交（C）/ 投影（P）/ 边（E）/ 放弃（U）]：↙

命令：o↙   //使用"偏移"命令就可以得到泄水孔

OFFSET

当前设置：删除源 = 否   图层 = 源   OFFSETGAPTYPE=0

指定偏移距离或 [通过（T）/ 删除（E）/ 图层（L）]<100>：100 ↙

选择要偏移的对象，或 [退出（E）/ 放弃（U）]< 退出 >：

指定要偏移的那一侧上的点，或 [退出（E）/ 多个（M）/ 放弃（U）]< 退出 >：

选择要偏移的对象，或 [退出（E）/ 放弃（U）]< 退出 >：↙

绘制结果如图 2-1-25 所示。

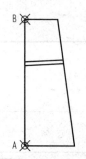

图 2-1-25   绘制泄水孔

（3）浆砌片石图例可用样条曲线绘制。

命令执行过程如下：

命令：_spline

指定第一个点或 [对象（O）]：

指定下一点：

指定下一点或 [闭合（C）/ 拟合公差（F）]< 起点切向 >：

指定下一点或 [闭合（C）/ 拟合公差（F）]< 起点切向 >：

指定下一点或 [闭合（C）/ 拟合公差（F）]< 起点切向 >：

指定下一点或 [闭合（C）/ 拟合公差（F）]< 起点切向 >：c↙

指定切向：↙

绘制结果如图 2-1-26 所示。

（4）最后，重复第（3）步即可完成挡土墙
断面图图例的绘制。道路断面用"直线""复制"
和"填充"命令即可。绘制的结果如图 2-1-22
所示。

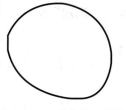

图 2-1-26　浆砌片石图例

5．绘制正等测图（图 2-1-27）

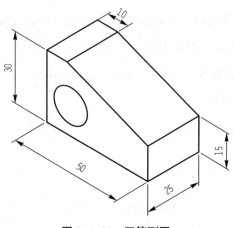

图 2-1-27　正等测图

（1）在"工具"菜单中选择"草图设置"命令，系统将弹出"草图设置"对话框。
在"草图设置"对话框"捕捉和栅格"选项卡中，在"捕捉类型"选项组中勾选"等
轴测捕捉"单选按钮，如图 2-1-28 所示。

图 2-1-28　"捕捉和栅格"选项卡

单击"确定"按钮，十字光标将变为图 2-1-29（a）所示的形式。

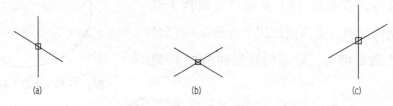

图 2-1-29 十字光标变化

进入正等轴测作图模式后，可以按 F5 键或 Ctrl +E 组合键在 3 个正等轴测平面之间快速切换［即十字光标的形式将如图 2-1-29（a）、（b）、（c）所示进行改变］。

（2）打开"正交"，使用"直线"命令绘制一个矩形。

注意：使用 Ctrl +E 组合键可以改变平面。

命令执行过程如下：

```
命令：_line
指定第一点：
指定下一点或 [放弃（U）]：<等轴测平面  左 >50✓
指定下一点或 [放弃（U）]：<等轴测平面  上 >25✓
指定下一点或 [闭合（C）/放弃（U）]：50✓
指定下一点或 [闭合（C）/放弃（U）]：
指定下一点或 [闭合（C）/放弃（U）]：*取消*
```

绘制结果如图 2-1-30 所示。

（3）重复第（2）步的方法，使用"直线"命令的同时使用 Ctrl +E 组合键随时切换正等轴测平面，然后使用"删除"命令删除不可见的线，则可以绘制出图 2-1-31 所示的图形。

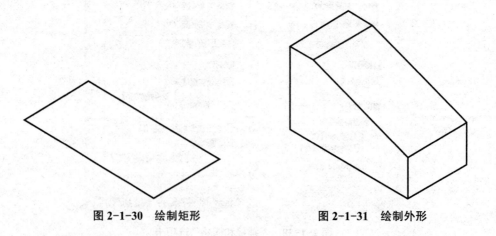

图 2-1-30 绘制矩形　　　　图 2-1-31 绘制外形

（4）绘制轴测图上的圆，需要使用"椭圆"命令。

命令执行过程如下：

```
命令：_ellipse
指定椭圆轴的端点或 [ 圆弧（A）/中心点（C）/等轴测圆（I）]：i✓
                                          // 输入"i"才能绘制正等测圆
指定等轴测圆的圆心：                              // 指定圆心位置
指定等轴测圆的半径或 [ 直径（D）]：< 等轴测平面  左 >8✓
```

注意：指定圆心位置之前，要先用 Ctrl +E 组合键切换到正确的正等轴测平面。

最终绘制结果如图 2-1-32 所示。

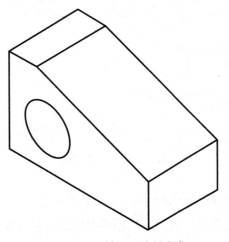

图 2-1-32　轴测图绘制完成

二、路线图的绘制

1. 绘制平曲线

如图 2-1-33 所示，已知路线导线的四个点，即 A（250，213），JD_1（376，295），JD_2（746，218），B（832，269）。其中，A 点和 B 点是起点和终点；JD_1 和 JD_2 是交点。半径分别为 100 和 200。通过这四个点及半径值可绘制出路线平曲线及其导线。

图 2-1-33　平曲线

需要使用"多段线""圆角"及"修剪"命令。

（1）绘制导线，使用"多段线"命令。

命令执行过程如下：

命令：pline
指定起点：250，213✓
当前线宽为 0.0000
指定下一个点或 [圆弧（A）/半宽（H）/长度（L）/放弃（U）/宽度（W）]：376，295✓
指定下一点或 [圆弧（A）/闭合（C）/半宽（H）/长度（L）/放弃（U）/宽度（W）]：746，
218✓
指定下一点或 [圆弧（A）/闭合（C）/半宽（H）/长度（L）/放弃（U）/宽度（W）]：832，
269✓
指定下一点或 [圆弧（A）/闭合（C）/半宽（H）/长度（L）/放弃（U）/宽度（W）]：✓

绘制结果如图 2-1-34 所示。

图 2-1-34　绘制导线

（2）绘制平曲线。先将上面绘制出的导线复制，然后对复制的图形使用"圆角"命令便可以得到平曲线，最后，再将所绘制的平曲线线宽设置为粗实线。

命令执行过程如下：

命令：co✓
COPY
选择对象：找到 1 个
选择对象：
当前设置：复制模式 = 多个
指定基点或 [位移（D）/模式（O）]<位移>：指定第二个点或 <使用第一个点作为位移>：
指定第二个点或 [退出（E）/放弃（U）]<退出>：✓
命令：_fillet
当前设置：模式 = 修剪，半径 =0.0000
选择第一个对象或 [放弃（U）/多段线（P）/半径（R）/修剪（T）/多个（M）]：r✓
指定圆角半径 <0.0000>：100✓
选择第一个对象或 [放弃（U）/多段线（P）/半径（R）/修剪（T）/多个（M）]：
选择第二个对象，或按住 Shift 键选择要应用角点的对象：✓

```
命令：fillet
当前设置：模式 = 修剪，半径 =100.0000
选择第一个对象或 [ 放弃（U）/ 多段线（P）/ 半径（R）/ 修剪（T）/ 多个（M）]：r↙
指定圆角半径 <100.0000>：120↙
选择第一个对象或 [ 放弃（U）/ 多段线（P）/ 半径（R）/ 修剪（T）/ 多个（M）]：
选择第二个对象，或按住 Shift 键选择要应用角点的对象：↙
```

绘制结果如图 2-1-35 所示。

图 2-1-35 绘制平曲线

（3）将圆曲线移动到导线的位置，如图 2-1-36 所示。

图 2-1-36 移至导线位置

2. 绘制回头曲线

绘制如图 2-1-37 所示的回头曲线，需要用到"圆弧""直线""圆"等命令。在绘制之前需要使用"复制"和"旋转"命令先绘制出引线 A 和引线 B。

微课：绘制回头曲线

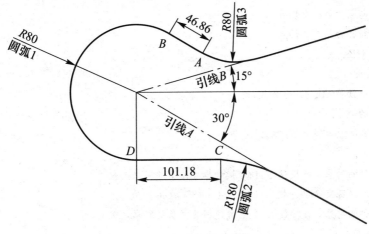

图 2-1-37 回头曲线

（1）绘制圆弧 1。

命令执行过程如下：

```
命令：_arc
指定圆弧的起点或 [ 圆心（C）]：c↙
指定圆弧的圆心：
指定圆弧的起点：@0，-80↙
指定圆弧的端点或 [ 角度（A）/ 弦长（L）]：a↙
指定包含角：-210↙
```

（2）绘制直线 AB 和 CD。

命令执行过程如下：

```
命令：_line
指定第一点：
指定下一点或 [ 放弃（U）]：< 正交 开 >120↙                          // 绘制 CD
指定下一点或 [ 放弃（U）]：
命令：_line
指定第一点：< 对象捕捉 开 >
指定下一点或 [ 放弃（U）]：@60<-210↙                              // 绘制 AB
指定下一点或 [ 放弃（U）]：
```

（3）绘制圆弧 2 和圆弧 3。圆弧 2 和圆弧 3 可以用"相切、相切、半径"命令绘制圆，然后再进行修剪即可。

命令执行过程如下：

```
命令：_circle
指定圆的圆心或 [ 三点（3P）/ 两点（2P）/ 相切、相切、半径（T）]：_ttr
指定对象与圆的第一个切点：
指定对象与圆的第二个切点：
指定圆的半径：80↙
命令：_extend
当前设置：投影 =UCS，边 = 无
选择边界的边 ...
选择对象或 < 全部选择 >：找到 1 个
选择对象：↙
选择要延伸的对象，或按住 Shift 键选择要修剪的对象，或
[ 栏选（F）/ 窗交（C）/ 投影（P）/ 边（E）/ 放弃（U）]：
选择要延伸的对象，或按住 Shift 键选择要修剪的对象，或
```

```
[栏选（F）/窗交（C）/投影（P）/边（E）/放弃（U）]：
命令：_circle  指定圆的圆心或[三点（3P）/两点（2P）/相切、相切、半径（T）]：_ttr
指定对象与圆的第一个切点：
指定对象与圆的第二个切点：
指定圆的半径<80.0000>，180✓
命令：_extend
当前设置：投影=UCS，边=无
选择边界的边 ...
选择对象或<全部选择>：找到1个
选择对象：✓
选择要延伸的对象，或按住Shift键选择要修剪的对象，或
[栏选（F）/窗交（C）/投影（P）/边（E）/放弃（U）]：
选择要延伸的对象，或按住Shift键选择要修剪的对象，或
[栏选（F）/窗交（C）/投影（P）/边（E）/放弃（U）]：
```

3．批量绘制平面路线图

公路的平面路线很长，如果按桩号来逐桩绘制非常耗费时间，所以，可以结合
Excel 表格来批量绘制平面路线。其绘制步骤如下：

（1）将中桩坐标表中点的 X、Y 坐标复制到另外的 Excel 表格中，如图 2-1-38
所示。

（2）在新的 Excel 表格中，在 E2 格中输入图 2-1-39 所示的公式。

	A	B	C	D	E
1	桩号		X 坐标	Y 坐标	中桩设计高程
226	K4+360.000		62370.2	20514.18	249.581
227	K4+380.000		62375.33	20533.51	250.062
228	K4+400.000		62380.46	20552.84	250.543
229	K4+419.337		62385.42	20571.53	251.008
230	K4+420.000		62385.59	20572.17	251.024
231	K4+440.000		62390.71	20591.51	251.505
232	K4+460.000		62395.76	20610.86	251.986
233	K4+480.000		62400.68	20630.25	252.461
234	K4+500.000		62405.4	20649.68	252.903
235	K4+520.000		62409.86	20669.18	253.309
236	K4+540.000		62414	20688.74	253.678

图 2-1-38　中桩坐标表

	A	B	C	D	E
	桩号		X坐标	Y坐标	
1					
2	K4+360.000		62370.2	20514.18	62370.202, 20514.18
3	K4+380.000		62375.33	20533.51	62375.331, 20533.511
4	K4+400.000		62380.46	20552.84	62380.46, 20552.842
5	K4+419.337		62385.42	20571.53	62385.419, 20571.532
6	K4+420.000		62385.59	20572.17	62385.589, 20572.173
7	K4+440.000		62390.71	20591.51	62390.707, 20591.507
8	K4+460.000		62395.76	20610.86	62395.757, 20610.859
9	K4+480.000		62400.68	20630.25	62400.677, 20630.245
10	K4+500.000		62405.4	20649.68	62405.4, 20649.679
11	K4+520.000		62409.86	20669.18	62409.861, 20669.175
12	K4+540.000		62414	20688.74	62413.995, 20688.742
13	K4+560.000		62417.73	20708.39	62417.734, 20708.389
14	K4+569.337		62419.33	20717.59	62419.326, 20717.589
15	K4+580.000		62421.01	20728.12	62421.014, 20728.118
16	K4+600.000		62423.8	20747.93	62423.8 20747.933

E2 = C2&", "&D2

图 2-1-39　输入公式

（3）复制 Excel 表格中 E 列的所有坐标。打开 AutoCAD，输入"样条曲线"命令"spl"，然后将复制的坐标粘贴过来，如图 2-1-40 所示，按 Enter 键确定。

命令: spl
SPLINE
指定第一个点或 [对象(O)]: 62370.202,20514.18
指定下一点: 62375.331,20533.511
指定下一点或 [闭合(C)/拟合公差(F)] <起点切向>: 62380.46,20552.842
指定下一点或 [闭合(C)/拟合公差(F)] <起点切向>: 62385.419,20571.532
指定下一点或 [闭合(C)/拟合公差(F)] <起点切向>: 62385.589,20572.173
指定下一点或 [闭合(C)/拟合公差(F)] <起点切向>: 62390.707,20591.507
指定下一点或 [闭合(C)/拟合公差(F)] <起点切向>: 62395.757,20610.859
指定下一点或 [闭合(C)/拟合公差(F)] <起点切向>: 62400.677,20630.245
指定下一点或 [闭合(C)/拟合公差(F)] <起点切向>: 62405.4,20649.679
指定下一点或 [闭合(C)/拟合公差(F)] <起点切向>: 62409.861,20669.175
命令:

图 2-1-40　复制坐标

（4）双击鼠标滚轮显示全部对象，移动绘图平面，就可以看到绘制完成的曲线，如图 2-1-41 所示。

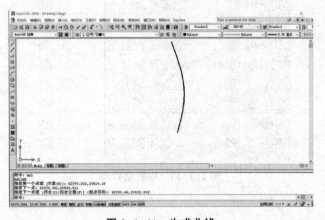

图 2-1-41　生成曲线

纵断面图也可以用类似方法批量绘制。

4．绘制立交平面图

绘制如图 2-1-42 所示的立交平面图。需要用到"直线""圆""圆角""修剪"等命令。具体操作过程如下：

微课：绘制道路平交立交图

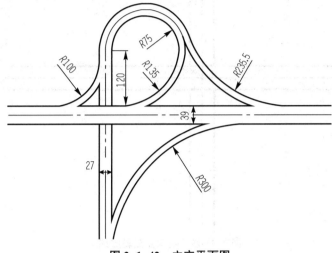

图 2-1-42　立交平面图

（1）为方便操作，可以先创建两个图层——"构造线"图层和"中心线"图层，如图 2-1-43 所示。

S.	Name	▲	On	Fr...	L...	Color	Linetype	Linewe...	Plot...	P..	N.	Description
	0					■ w...	Contin...	—— De...				
	Defpoints					■ w...	Contin...	—— De...	Color_7			
	构造线					■ w...	Contin...	■ 0...	Color_7			
	中心线					■ w...	CENTER	—— De...	Color_7			

图 2-1-43　创建图层

（2）使用"直线"命令绘制两条相互垂直的直线，这两条直线的图层为"中心线"图层，如图 2-1-44 所示。

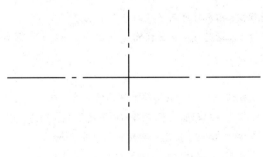

图 2-1-44　绘制相互垂直直线

（3）使用"偏移"命令绘制立交的轮廓线。然后用"修剪"命令对其进行修剪，如图 2-1-45 所示。

注意： 立交的轮廓线位于"构造线"图层。

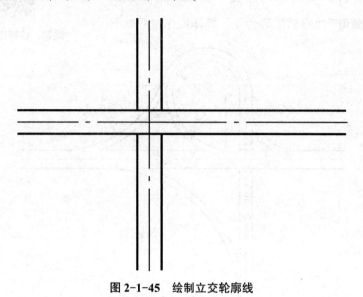

图 2-1-45　绘制立交轮廓线

（4）使用"相切、相切、半径"命令和"修剪"命令绘制半径为 300 的圆弧，并进行偏移。

命令执行过程如下：

```
命令：_circle 指定圆的圆心或 [三点 (3P)/两点 (2P)/相切、相切、半径 (T)]：_ttr
指定对象与圆的第一个切点：
指定对象与圆的第二个切点：
指定圆的半径<100.0000>：300✓


命令：_trim
当前设置：投影=UCS，边=无
选择剪切边 …
选择对象或<全部选择>：指定对角点：找到 0 个
选择对象或<全部选择>：指定对角点：找到 1 个
选择对象：找到 1 个，总计 2 个
选择对象：✓
选择要修剪的对象，或按住 Shift 键选择要延伸的对象，或
[栏选 (F)/窗交 (C)/投影 (P)/边 (E)/删除 (R)/放弃 (U)]：
选择要修剪的对象，或按住 Shift 键选择要延伸的对象，或
[栏选 (F)/窗交 (C)/投影 (P)/边 (E)/删除 (R)/放弃 (U)]：✓
```

命令 : O ✔

OFFSET

当前设置 : 删除源 = 否　图层 = 源　OFFSETGAPTYPE=0

指定偏移距离或 [通过 (T) / 删除 (E) / 图层 (L)]<19.5000>:14 ✔

选择要偏移的对象, 或 [退出 (E) / 放弃 (U)]< 退出 >:

指定要偏移的那一侧上的点, 或 [退出 (E) / 多个 (M) / 放弃 (U)]< 退出 >:

选择要偏移的对象, 或 [退出 (E) / 放弃 (U)]< 退出 >: ✔

命令 : _trim

当前设置 : 投影 =UCS, 边 = 无

选择剪切边 ...

选择对象或 < 全部选择 >: 找到 1 个

选择对象 : ✔

选择要修剪的对象, 或按住 Shift 键选择要延伸的对象, 或

[栏选 (F) / 窗交 (C) / 投影 (P) / 边 (E) / 删除 (R) / 放弃 (U)]: 指定对角点 :

窗交窗口中未包括任何对象。

选择要修剪的对象, 或按住 Shift 键选择要延伸的对象, 或

[栏选 (F) / 窗交 (C) / 投影 (P) / 边 (E) / 删除 (R) / 放弃 (U)]:

选择要修剪的对象, 或按住 Shift 键选择要延伸的对象, 或

[栏选 (F) / 窗交 (C) / 投影 (P) / 边 (E) / 删除 (R) / 放弃 (U)]:

选择要修剪的对象, 或按住 Shift 键选择要延伸的对象, 或

[栏选 (F) / 窗交 (C) / 投影 (P) / 边 (E) / 删除 (R) / 放弃 (U)]:

选择要修剪的对象, 或按住 Shift 键选择要延伸的对象, 或

[栏选 (F) / 窗交 (C) / 投影 (P) / 边 (E) / 删除 (R) / 放弃 (U)]:

命令 :TRIM

当前设置 : 投影 =UCS, 边 = 无

选择剪切边 ...

选择对象或 < 全部选择 >: 找到 1 个

选择对象 : ✔

选择要修剪的对象, 或按住 Shift 键选择要延伸的对象, 或

[栏选 (F) / 窗交 (C) / 投影 (P) / 边 (E) / 删除 (R) / 放弃 (U)]:

选择要修剪的对象, 或按住 Shift 键选择要延伸的对象, 或

[栏选 (F) / 窗交 (C) / 投影 (P) / 边 (E) / 删除 (R) / 放弃 (U)]: ✔

绘制结果如图 2-1-46 所示。

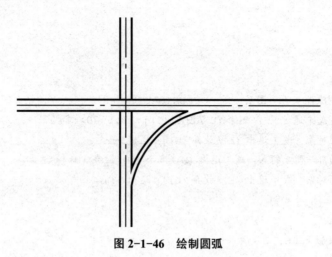

图 2-1-46 绘制圆弧

（5）使用"拉长"命令将立交轮廓线的长度设置为 80。

命令执行过程如下：

```
命令：_lengthen
选择对象或 [增量（DE）/百分数（P）/全部（T）/动态（DY）]：t↙
指定总长度或 [角度（A）]<80.0000)>：120↙
选择要修改的对象或 [放弃（U）]：
选择要修改的对象或 [放弃（U）]：↙
```

绘制结果如图 2-1-47 所示。

（6）以 A 点为圆心绘制一个半径为 75 的圆，找到 B 点，B 点即为立交半径为 75 的圆弧的圆心，如图 2-1-48 所示。

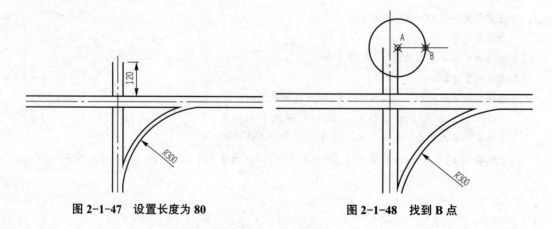

图 2-1-47 设置长度为 80   图 2-1-48 找到 B 点

（7）以 B 点为圆心绘制半径为 75 的圆，再使用"相切、相切、半径"命令绘制半径为135、235.5、100 的圆，然后使用"修剪"和"偏移"命令完成剩余的部分，如图 2-1-49 所示。

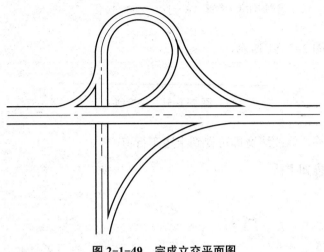

图 2-1-49　完成立交平面图

5. 绘制标准横断面图

如图 2-1-50 所示，标准横断面由人行道和车行道组成，需要使用到"直线""旋转"等命令。具体操作过程如下：

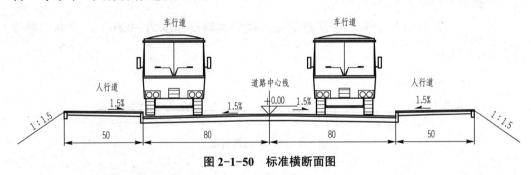

图 2-1-50　标准横断面图

（1）绘制车行道。车行道坡度为 1.5%，可以先绘制出一条直线，然后根据反余切函数计算出 arctan0.015=0.86°，则将直线旋转 0.86°即可。

命令执行过程如下：

```
命令：_line
指定第一点：
指定下一点或[放弃（U）]：<正交　开>80↙
指定下一点或[放弃（U）]：
命令：rotate
UCS 当前的正角方向：ANGDIR=逆时针　ANGBASE=0
选择对象：找到 1 个
```

选择对象：↙
指定基点：
指定旋转角度，或 [复制（C）/参照（R）]<0>: 0.86↙

绘制结果如图 2-1-51 所示。

_____

图 2-1-51　坡度线

然后进行偏移，修改线宽即可得到半边车行道。

命令执行过程如下：

命令：offset
当前设置：删除源 = 否　图层 = 源　OFFSETGAPTYPE=0
指定偏移距离或 [通过（T）/ 删除（E）/ 图层（L）]< 通过 >: 3↙
选择要偏移的对象，或 [退出（E）/ 放弃（U）]< 退出 >:
指定要偏移的那一侧上的点，或 [退出（E）/ 多个（M）/ 放弃（U）]< 退出 >:
选择要偏移的对象，或 [退出（E）/ 放弃（U）]< 退出 >:

绘制结果如图 2-1-52 所示。

另一边以相同方法绘制。应注意的是，此处旋转的角度为 –0.86°。绘制结果如图 2-1-53 所示。

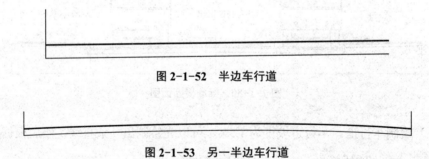

图 2-1-52　半边车行道

图 2-1-53　另一半边车行道

（2）人行道绘制的方法与行车道相同。

📁⮕ **课后练习**

1. 绘制图 2-1-54 所示的图形。

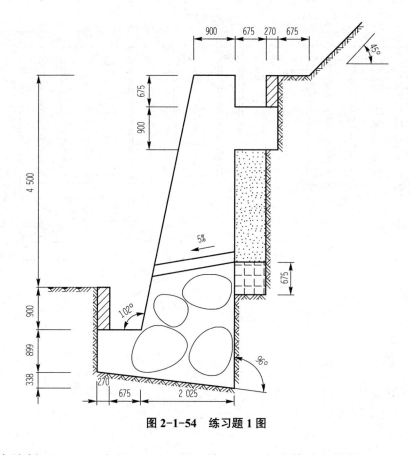

图 2-1-54　练习题 1 图

2．先绘制图 2-1-55 和图 2-1-56 所示的图形，在此基础上绘制图 2-1-57 所示的图形。

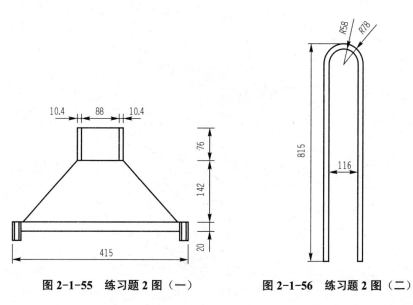

图 2-1-55　练习题 2 图（一）　　　　图 2-1-56　练习题 2 图（二）

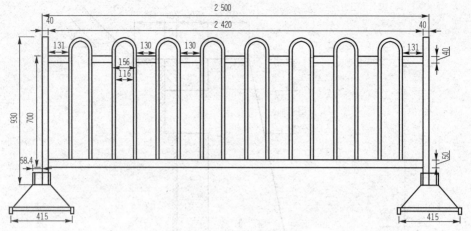

图 2-1-57　练习题 2 图（三）

3. 绘制图 2-1-58 所示的图形。

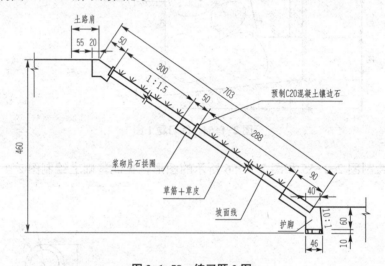

图 2-1-58　练习题 3 图

4. 绘制图 2-1-59 所示的正等测图。

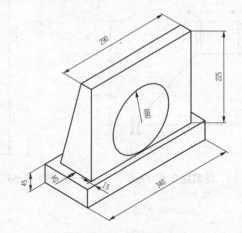

图 2-1-59　练习题 4 图

5. 根据图 2-1-60 中的数据，绘制断面图。

	A	B	C	D	E
1	桩号		x坐标	y坐标	
2	K0+000.000		59416.25	17552.37	
3	K0+020.000		59431.32	17565.52	
4	K0+040.000		59446.39	17578.67	
5	K0+060.000		59461.46	17591.81	
6	K0+080.000		59476.53	17604.96	
7	K0+100.000		59491.59	17618.11	
8	K0+120.000		59506.66	17631.26	
9	K0+140.000		59521.73	17644.41	
10	K0+160.000		59536.8	17657.56	
11	K0+180.000		59551.87	17670.71	
12	K0+200.000		59566.94	17683.86	
13	K0+220.000		59582.01	17697.01	
14	K0+240.000		59597.08	17710.16	
15	K0+260.000		59612.15	17723.31	
16	K0+280.000		59627.22	17736.46	
17	K0+299.670		59642.04	17749.39	
18	K0+300.000		59642.29	17749.61	
19	K0+320.000		59657.41	17762.7	
20	K0+340.000		59672.61	17775.7	
21	K0+360.000		59687.9	17788.59	
22	K0+380.000		59703.27	17801.39	
23	K0+400.000		59718.73	17814.08	
24	K0+420.000		59734.27	17826.66	
25	K0+440.000		59749.9	17839.15	

图 2-1-60　练习题 5 图

任务二　绘制桥梁工程图

　　桥梁通常由上部结构（主梁或主拱圈和桥面系）、下部结构（桥墩、桥台和基础）及附属结构（栏杆、灯柱、护岸、导流结构等）三部分组成（图 2-2-1）。桥梁工程图包括桥位平面图、桥位地质断面图、桥位总体布置图、构件结构图。

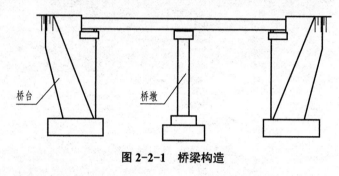

图 2-2-1　桥梁构造

　　本节将介绍典型桥梁图纸的绘制方法。

一、绘制桥墩构造图

　　图 2-2-2 所示为桩柱式桥墩构造图。下面将介绍如何使用 AutoCAD 绘制桥墩构造图。

1. 桥墩立面图的绘制

　　图 2-2-3 所示为桩柱式桥墩立面图。

微课：绘制桥墩立面图

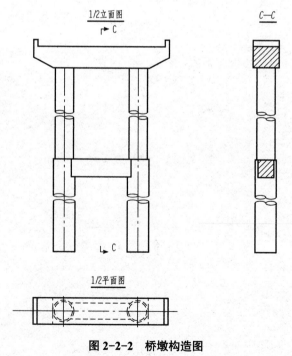

图 2-2-2　桥墩构造图

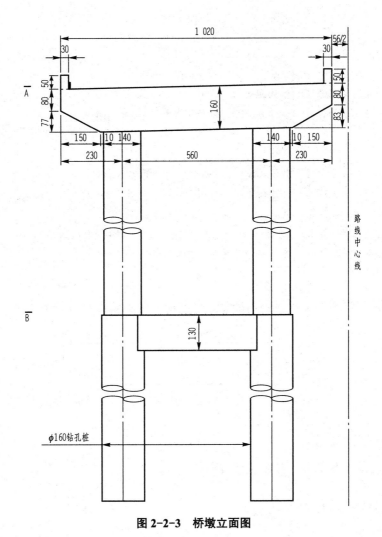

图 2-2-3 桥墩立面图

（1）绘制立面图的盖梁部分，需要用到"直线""阵列""拉长"等命令。

命令执行过程如下：

```
命令：_line
指定第一点：＜正交 开＞                           //从左往右
指定下一点或 [放弃（U）]：960↵
指定下一点或 [放弃（U）]：50↵
指定下一点或 [闭合（C）/放弃（U）]：30↵
指定下一点或 [闭合（C）/放弃（U）]：130↵
指定下一点或 [闭合（C）/放弃（U）]：@-150，-83↵
指定下一点或 [闭合（C）/放弃（U）]：
命令：1↵
LINE
指定第一点：
指定下一点或 [放弃（U）]：50↵
```

```
指定下一点或 [ 放弃（U）]: 30↙
指定下一点或 [ 闭合（C）/ 放弃（U）]: < 正交 开>130↙
指定下一点或 [ 闭合（C）/ 放弃（U）]: @150，-77↙
指定下一点或 [ 闭合（C）/ 放弃（U）]: * 取消 *
命令: O↙
OFFSET
当前设置: 删除源 = 否  图层 = 源  OFFSETGAPTYPE=0↙
指定偏移距离或 [ 通过（T）/ 删除（E）/ 图层（L）]< 通过 >: 160
选择要偏移的对象，或 [ 退出（E）/ 放弃（U）]< 退出 >:
指定要偏移的那一侧上的点，或 [ 退出（E）/ 多个（M）/ 放弃（U）]< 退出 >:
选择要偏移的对象，或 [ 退出（E）/ 放弃（U）]< 退出 >:
```

然后使用"修剪"命令对多余部分进行剪掉，绘制结果如图 2-2-4 所示。

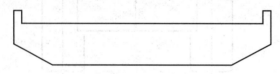

图 2-2-4 绘制盖梁

（2）绘制立柱部分。

绘制立柱的上半部分，命令执行过程如下：

```
命令: _line
指定第一点:
指定下一点或 [ 放弃（U）]:
指定下一点或 [ 放弃（U）]:
命令: offset
当前设置: 删除源 = 否  图层 = 源  OFFSETGAPTYPE=0
指定偏移距离或 [ 通过（T）/ 删除（E）/ 图层（L）]<80.0000>: 37.5
选择要偏移的对象，或 [ 退出（E）/ 放弃（U）]< 退出 >:
指定要偏移的那一侧上的点，或 [ 退出（E）/ 多个（M）/ 放弃（U）]< 退出 >:
选择要偏移的对象，或 [ 退出（E）/ 放弃（U）]< 退出 >:
指定要偏移的那一侧上的点，或 [ 退出（E）/ 多个（M）/ 放弃（U）]< 退出 >:
选择要偏移的对象，或 [ 退出（E）/ 放弃（U）]< 退出 >:
```

绘制立柱波浪线，命令执行过程如下：

```
命令: _arc
指定圆弧的起点或 [ 圆心（C）]: < 对象捕捉 开 >
指定圆弧的第二个点或 [ 圆心（C）/ 端点（E）]: < 正交 关 >
```

```
指定圆弧的端点:
命令: copy
选择对象: 找到 1 个
选择对象: ↙
当前设置: 复制模式 = 多个
指定基点或 [ 位移 ( D ) / 模式 ( O ) ] < 位移 >: 指定第二个点或 < 使用第一个点作为位移 >:
指定第二个点或 [ 退出 ( E ) / 放弃 ( U ) ] < 退出 >:
命令: mirror
选择对象: 找到 1 个
选择对象: ↙
指定镜像线的第一点: 指定镜像线的第二点:
要删除源对象吗? [ 是 ( Y ) / 否 ( N ) ] <N>:
```

绘制完成后，使用"复制"命令进行复制并旋转，即完成立柱部分绘制。绘制结果如图 2-2-5 所示。

最后将立柱移动到合适的位置，注意移动时需要用"捕捉自"命令。

命令执行过程如下：

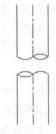

图 2-2-5　绘制立柱

```
命令: m ↙
MOVE
找到 14 个
指定基点或 [ 位移 ( D ) ] < 位移 >:
指定第二个点或 < 使用第一个点作为位移 >: _from 基点: < 偏移 >: @20<0 ↙
```

绘制结果如图 2-2-6 所示。

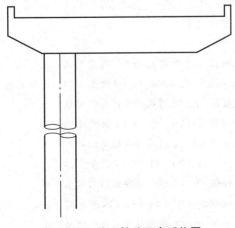

图 2-2-6　将立柱移至合适位置

（3）下半部桩基和另一边立柱，依上述方法绘制。

（4）系梁部分用"直线"命令绘制即可。

2. 绘制平面图

根据图纸所示，可以先用"直线"命令和"偏移"命令绘制出盖梁的平面投影，再用"圆"命令绘制立柱和桩基的平面投影。圆心位置可用"偏移"命令确定。

（1）绘制盖梁部分。

命令执行过程如下：

```
命令：_line
指定第一点：
指定下一点或 [ 放弃（U）]：< 正交 开 >450↙
指定下一点或 [ 放弃（U）]：100↙
指定下一点或 [ 闭合（C）/放弃（U）]：450↙
指定下一点或 [ 闭合（C）/放弃（U）]：c↙
命令：offset
当前设置：删除源 = 否　图层 = 源　OFFSETGAPTYPE=0
指定偏移距离或 [ 通过（T）/删除（E）/图层（L）]< 通过 >：15↙
选择要偏移的对象，或 [ 退出（E）/放弃（U）]< 退出 >：
指定要偏移的那一侧上的点，或 [ 退出（E）/多个（M）/放弃（U）]< 退出 >：
选择要偏移的对象，或 [ 退出（E）/放弃（U）]< 退出 >：
指定要偏移的那一侧上的点，或 [ 退出（E）/多个（M）/放弃（U）]< 退出 >：
选择要偏移的对象，或 [ 退出（E）/放弃（U）]< 退出 >：
命令：_extend
当前设置：投影 =UCS，边 = 无
选择边界的边 ...
选择对象或 < 全部选择 >：找到 1 个
选择对象：找到 1 个，总计 2 个
选择对象：↙
选择要延伸的对象，或按住 Shift 键选择要修剪的对象，或
[ 栏选（F）/窗交（C）/投影（P）/边（E）/放弃（U）]：指定对角点：
选择要延伸的对象，或按住 Shift 键选择要修剪的对象，或
[ 栏选（F）/窗交（C）/投影（P）/边（E）/放弃（U）]：
选择要延伸的对象，或按住 Shift 键选择要修剪的对象，或
[ 栏选（F）/窗交（C）/投影（P）/边（E）/放弃（U）]：
选择要延伸的对象，或按住 Shift 键选择要修剪的对象，或
[ 栏选（F）/窗交（C）/投影（P）/边（E）/放弃（U）]：
选择要延伸的对象，或按住 Shift 键选择要修剪的对象，或
[ 栏选（F）/窗交（C）/投影（P）/边（E）/放弃（U）]：
```

```
命令：offset
当前设置：删除源 = 否  图层 = 源  OFFSETGAPTYPE=0
指定偏移距离或 [ 通过（T）/删除（E）/图层（L）]<15.0000>：47.5↙
选择要偏移的对象，或 [ 退出（E）/放弃（U）]< 退出 >：
指定要偏移的那一侧上的点，或 [ 退出（E）/多个（M）/放弃（U）]< 退出 >：
选择要偏移的对象，或 [ 退出（E）/放弃（U）]< 退出 >：
```

注意：盖梁绘制完成后，再绘制一条中心线，如图 2-2-7 所示。

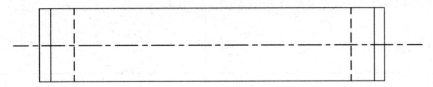

图 2-2-7　绘制中心线

（2）绘制墩柱和桩基的平面投影。在绘制墩柱和桩基的平面投影之前，需要使用"偏移"命令确定圆心的位置；然后，再用"圆"命令绘制墩柱的平面投影；桩基的平面投影可以用"偏移"命令进行绘制。

注意：应将线型改为虚线。

命令执行过程如下：

```
命令：offset
当前设置：删除源 = 否  图层 = 源  OFFSETGAPTYPE=0
指定偏移距离或 [ 通过（T）/删除（E）/图层（L）]<47.5000>：92.5↙
选择要偏移的对象，或 [ 退出（E）/放弃（U）]< 退出 >：
指定要偏移的那一侧上的点，或 [ 退出（E）/多个（M）/放弃（U）]< 退出 >：
选择要偏移的对象，或 [ 退出（E）/放弃（U）]< 退出 >：
指定要偏移的那一侧上的点，或 [ 退出（E）/多个（M）/放弃（U）]< 退出 >：
选择要偏移的对象，或 [ 退出（E）/放弃（U）]< 退出 >：
命令：_circle
指定圆的圆心或 [ 三点（3P）/两点（2P）/相切、相切、半径（T）]：
指定圆的半径或 [ 直径（D）]：37.5↙
命令：copy
选择对象：找到 1 个
选择对象：↙
当前设置：复制模式 = 多个
指定基点或 [ 位移（D）/模式（O）]< 位移 >：指定第二个点或 < 使用第一个点作为位移 >：
指定第二个点或 [ 退出（E）/放弃（U）]< 退出 >：
指定要偏移的那一侧上的点，或 [ 退出（E）/多个（M）/放弃（U）]< 退出 >：
```

选择要偏移的对象，或 [退出（E）/放弃（U）]< 退出 >：

命令：offset

当前设置：删除源 = 否　图层 = 源　OFFSETGAPTYPE=0

指定偏移距离或 [通过（T）/删除（E）/图层（L）]<92.5000>：2.5✓

选择要偏移的对象，或 [退出（E）/放弃（U）]< 退出 >：

指定要偏移的那一侧上的点，或 [退出（E）/多个（M）/放弃（U）]< 退出 >：

选择要偏移的对象，或 [退出（E）/放弃（U）]< 退出 >：

指定要偏移的那一侧上的点，或 [退出（E）/多个（M）/放弃（U）]< 退出 >：

选择要偏移的对象，或 [退出（E）/放弃（U）]< 退出 >：

绘制结果如图 2-2-8 所示。

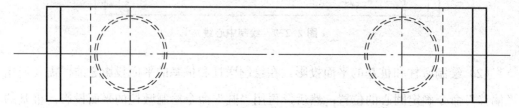

图 2-2-8　绘制墩柱和桩基的平面投影

（3）绘制系梁的平面投影。使用"偏移"命令偏移复制中心线，然后，将线型修改为虚线，再修剪掉多余部分。绘制结果如图 2-2-9 所示。

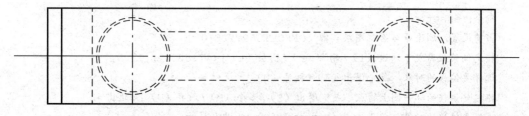

图 2-2-9　绘制系梁的平面投影

二、绘制 U 形桥台平、立面图

1. 绘制桥台平面图（图 2-2-10）

仔细观察图 2-2-10 可以发现，绘制 U 形桥台的平面图比较容易，只需要使用"直线"命令绘制出桥台侧墙内部即可。

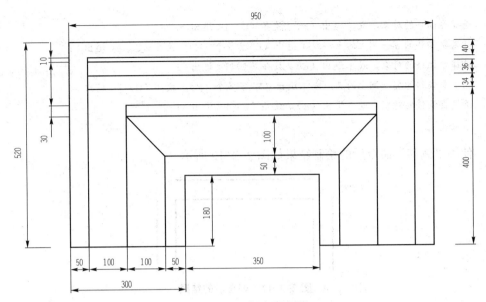

图 2-2-10　桥台平面图

命令执行过程如下：

命令：_line
指定第一点：＜正交　开＞
指定下一点或 [放弃（U）]：180↙
指定下一点或 [放弃（U）]：350↙
指定下一点或 [闭合（C）/放弃（U）]：180↙
指定下一点或 [闭合（C）/放弃（U）]：↙

绘制结果如图 2-2-11 所示。

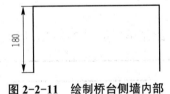

图 2-2-11　绘制桥台侧墙内部

然后使用"偏移"命令和"倒角"命令完成第二层绘制。

命令执行过程如下：

命令：offset
当前设置：删除源＝否　图层＝源　OFFSETGAPTYPE=0
指定偏移距离或 [通过（T）/删除（E）/图层（L）]＜通过＞：50↙
选择要偏移的对象，或 [退出（E）/放弃（U）]＜退出＞：
指定要偏移的那一侧上的点，或 [退出（E）/多个（M）/放弃（U）]＜退出＞：

使用"偏移"命令后的绘制结果如图 2-2-12 所示。

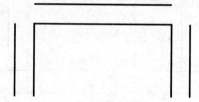

图 2-2-12　偏移后的结果

命令执行过程如下：

使用"倒角"命令后的，绘制结果如图 2-2-13 所示。

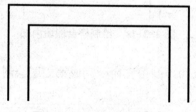

图 2-2-13　倒角后的结果

其余台身部分以此类推，就可以绘制出台身部分的平面投影图。

基座部分可采用同样的方法进行绘制。U 形桥台的平面投影图即可绘制完成。

2. 绘制桥台立面图（图 2-2-14）

图 2-2-14 所示为桥台侧立面图。基础部分可以使用"矩形"命令直接绘制，台身部分使用"直线"和相对直角坐标进行绘制。

微课：绘制桥台立面图

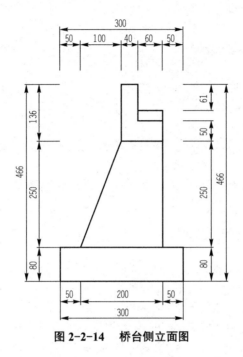

图 2-2-14　桥台侧立面图

（1）绘制基础部分。这里需要使用"矩形"命令。

命令执行过程如下：

```
命令：_rectang
指定第一个角点或 [倒角（C）/标高（E）/圆角（F）/厚度（T）/宽度（W）]：
指定另一个角点或 [面积（A）/尺寸（D）/旋转（R）]：d✓
指定矩形的长度 <10.0000>：300✓
指定矩形的宽度 <10.0000>：80✓
指定另一个角点或 [面积（A）/尺寸（D）/旋转（R）]：
```

绘制结果如图 2-2-15 所示。

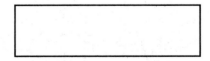

图 2-2-15　绘制基础

（2）使用"直线"命令、相对直角坐标和"偏移"命令绘制台身和台帽部分。

命令执行过程如下：

命令：_line
指定第一点：_from基点：<偏移>：@50, 0
指定下一点或 [放弃（U）]：@100, 250
指定下一点或 [放弃（U）]：<正交开>100
指定下一点或 [闭合（C）/放弃（U）]：250
指定下一点或 [闭合（C）/放弃（U）]：

命令：_line
指定第一点：
指定下一点或 [放弃（U）]：136
指定下一点或 [放弃（U）]：40
指定下一点或 [闭合（C）/放弃（U）]：86
指定下一点或 [闭合（C）/放弃（U）]：60
指定下一点或 [闭合（C）/放弃（U）]：
指定下一点或 [闭合（C）/放弃（U）]：

命令：o
OFFSET
当前设置：删除源 = 否 图层 = 源 OFFSETGAPTYPE=0
指定偏移距离或 [通过（T）/删除（E）/图层（L）]<通过>：25
选择要偏移的对象，或 [退出（E）/放弃（U）]<退出>：
指定要偏移的那一侧上的点，或 [退出（E）/多个（M）/放弃（U）]<退出>：
选择要偏移的对象，或 [退出（E）/放弃（U）]<退出>：

命令：_line
指定第一点：
指定下一点或 [放弃（U）]：
指定下一点或 [放弃（U）]：

绘制结果如图 2-2-16 所示。

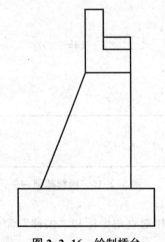

图 2-2-16 绘制桥台

三、绘制T形梁断面图

绘制图2-2-17所示的T形梁断面图。观察图2-2-17可以发现，要绘制T形梁断面需要用到"直线"命令、"偏移"命令及"阵列"命令，并且单个断面是一个对称图形，只需要绘制一半，另一半使用"镜像"命令即可得到。

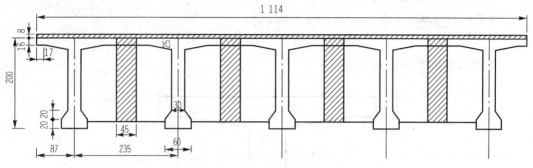

图 2-2-17　T 形梁断面图

（1）绘制半个T形梁断面，使用"直线"命令和相对坐标。绘图顺序从下往上。命令执行过程如下：

```
命令: _line
指定第一点:
指定下一点或[放弃(U)]: 30↙
指定下一点或[放弃(U)]: 20↙
指定下一点或[闭合(C)/放弃(U)]: @15,20↙
指定下一点或[闭合(C)/放弃(U)]: 135↙
指定下一点或[闭合(C)/放弃(U)]: @-55,8↙
指定下一点或[闭合(C)/放弃(U)]: 17↙
指定下一点或[闭合(C)/放弃(U)]: 16↙
指定下一点或[闭合(C)/放弃(U)]: 87↙
指定下一点或[闭合(C)/放弃(U)]: ↙
```

绘制结果如图2-2-18所示。

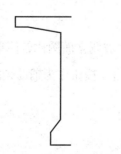

图 2-2-18　绘制半个 T 形梁断面

（2）使用"镜像"命令即可以绘制得到单个断面。

命令执行过程如下：

```
命令：_mirror
选择对象：指定对角点：找到 8 个
选择对象：✓
指定镜像线的第一点：指定镜像线的第二点：
要删除源对象吗？［是（Y）/否（N）］<N>：✓
```

绘制结果如图 2-2-19 所示。

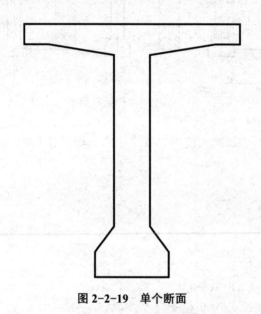

图 2-2-19　单个断面

（3）用"阵列"命令、"直线"命令和"填充"命令即可以完成 T 形梁断面图其余部分的绘制。

四、绘制桥台锥坡图

1. 绘制桥台锥坡侧立面图

如图 2-2-20 所示，桥台锥坡侧立面图比较简单，主要使用"直线"命令，并使用"临时追踪点"按钮和"捕捉自"按钮作为辅助绘图工具。

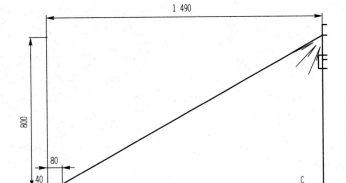

图 2-2-20　桥台锥坡侧立面图

（1）先绘制基座。

命令执行过程如下：

```
命令：_line
指定第一点：
指定下一点或 [ 放弃（U）]：1400 ✓
指定下一点或 [ 放弃（U）]：100 ✓
指定下一点或 [ 闭合（C）/ 放弃（U）]：1400 ✓
指定下一点或 [ 闭合（C）/ 放弃（U）]：c ✓
```

绘制结果如图 2-2-21 所示。

图 2-2-21　绘制基座

（2）使用"捕捉自"按钮和"直线"命令完成立面图的绘制。

命令执行过程如下：

```
命令：_line
指定第一点：_from 基点：< 偏移 >：@40，0 ✓
                        // 选择"捕捉自"按钮  ，捕捉 A 点，然后再输入相对坐标值
指定下一点或 [ 放弃（U）]：< 正交 关 >@1450，800 ✓
指定下一点或 [ 放弃（U）]：_tt 指定临时对象追踪点：
                        // 选择"临时追踪点"按钮  ，捕捉 C 点，然后打开正交功能，将
                           鼠标水平移动至合适位置时，绘图屏幕会有提示
指定下一点或 [ 闭合（C）/ 放弃（U）]：
指定下一点或 [ 闭合（C）/ 放弃（U）]：
```

```
命令：_line
指定第一点：_from 基点：<偏移>：@80, 0 ↙
                                              // 使用"捕捉自"按钮，捕捉 A 点
指定下一点或 [放弃（U）]：_from 基点：<偏移>：@120, 0 ↙
                                              // 使用"捕捉自"按钮，捕捉 B 点
指定下一点或 [放弃（U）]：↙
```

绘制结果如图 2-2-22 所示。

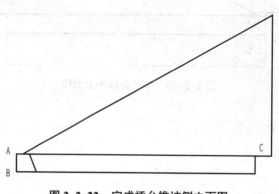

图 2-2-22　完成桥台锥坡侧立面图

2. 绘制锥坡平面图

（1）锥坡平面图除用到"直线"命令外，还需要使用"椭圆弧"命令。

命令执行过程如下：

```
命令：_ellipse
指定椭圆的轴端点或 [圆弧（A）/中心点（C）]：_a ↙
指定椭圆弧的轴端点或 [中心点（C）]：c ↙          // 捕捉 O 点
指定椭圆弧的中心点：
指定轴的端点：                                   // 捕捉 E 点
指定另一条半轴长度或 [旋转（R）]：               // 捕捉 F 点
指定起始角度或 [参数（P）]：0 ↙
指定终止角度或 [参数（P）/包含角度（I）]：90 ↙
```

绘制结果如图 2-2-23 所示。

（2）绘制示坡线，需要用到"直线"命令和"阵列"命令。先使用"直线"命令绘制一长一短两根直线，绘制结果如图 2-2-24 所示。

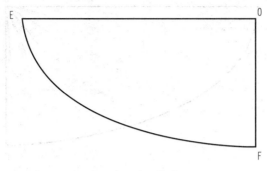

图 2-2-23 绘制锥坡平面

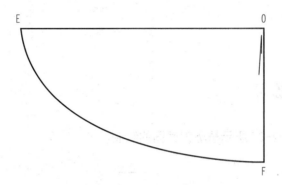

图 2-2-24 绘制示坡线

（3）使用"阵列"命令，参数设置如图 2-2-25 所示。

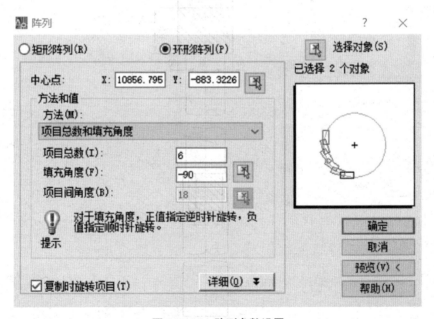

图 2-2-25 阵列参数设置

圆心捕捉 O 点。绘制结果如图 2-2-26 所示。

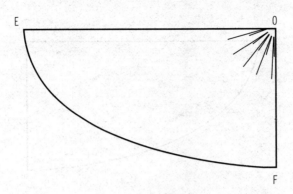

图 2-2-26　阵列结果

📁➤ 课后练习

1. 完成如图 2-2-27 所示桥墩剖面图的绘制。

C—C

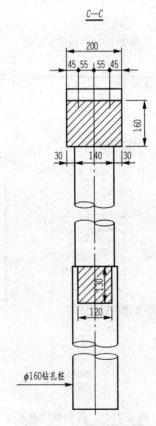

ϕ160钻孔桩

图 2-2-27　练习题 1 图

2. 完成如图 2-2-28 所示桥台立面图和侧立面图的绘制。

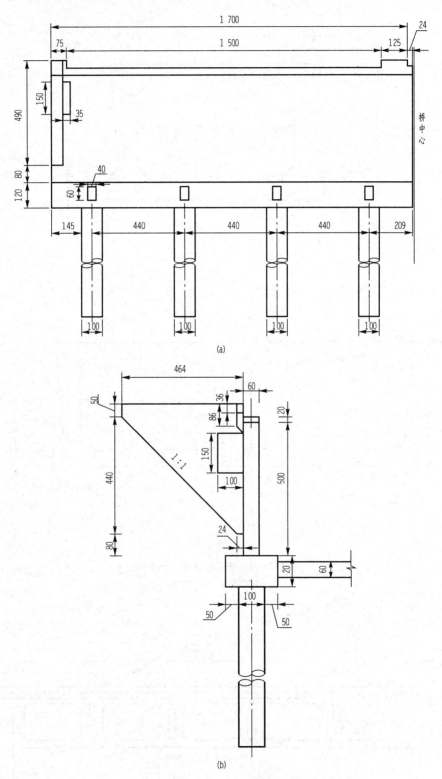

图 2-2-28 练习题 2 图
（a）立面图；（b）侧立面图

3. 绘制图 2-2-29 所示的中板和边板，并在此基础上绘制图 2-2-30 所示的图形。

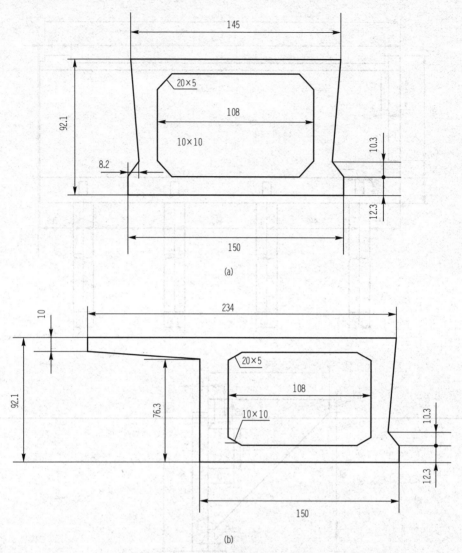

(a)

(b)

图 2-2-29　练习题 3 图（一）

（a）中板；（b）边板

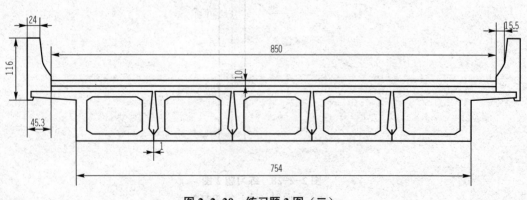

图 2-2-30　练习题 3 图（二）

4. 绘制图 2-2-31 所示的 T 形梁断面图。

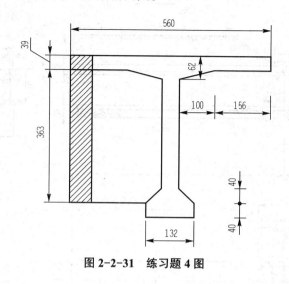

图 2-2-31　练习题 4 图

任务三　绘制涵洞工程图

涵洞主要是公路沿线为宣泄地面水流而设置的小型排水构造物。涵洞和桥的主要区别在于跨径的大小和填土的高度不同。涵洞可分为圆管涵、盖板涵、拱涵、箱涵等。本节将介绍两种涵洞工程图的绘制方法。

一、绘制圆管涵工程图

识读图 2-3-1 所示的圆管涵工程图，并绘制图样。

分析：图 2-3-1 所示为钢筋混凝土圆管涵，主要由涵洞进出口、洞身、洞底基础、锥形护坡、缘石等组成。洞身主体结构由圆管构成。洞口为端墙式，墙前洞口两侧砌筑片石铺面的锥体护坡。由于其构造对称，采用了半纵剖面图、半平面图和侧面图来表示，比例为 1 ∶ 50。

（1）建立图层。建立"基础""墙身""缘石""路基""标注"等图层，如图 2-3-2 所示。

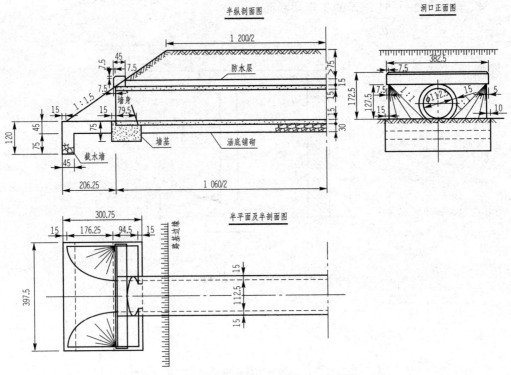

图 2-3-1　圆管涵端墙式单孔构造图

图 2-3-2　建立图层

（2）绘制截水墙、一字墙基础、涵底铺砌图，如图 2-3-3 所示。

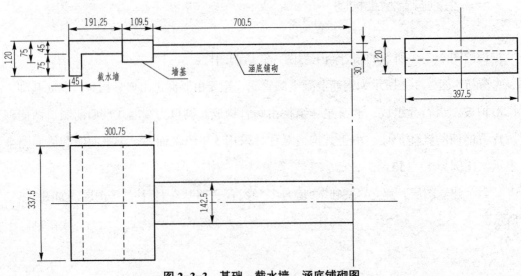

图 2-3-3　基础、截水墙、涵底铺砌图

操作过程如下：

1）绘制 V 面投影。

①绘制截水墙，命令执行过程如下：

```
命令：_line
指定第一点：
指定下一点或 [放弃（U）]：75✓                              //垂直向下
指定下一点或 [放弃（U）]：45✓                              //垂直向左
指定下一点或 [闭合（C）/放弃（U）]：120✓                    //垂直向上
指定下一点或 [闭合（C）/放弃（U）]：191.25✓                 //垂直向右
指定下一点或 [闭合（C）/放弃（U）]：45✓                     //垂直向下
指定下一点或 [闭合（C）/放弃（U）]：c✓
```

②绘制一字墙基础，命令执行过程如下：

```
命令：_rectang
指定第一个角点或 [倒角（C）/标高（E）/圆角（F）/厚度（T）/宽度（W）]：
                                                //拾取截水墙左上顶点
指定另一个角点或 [面积（A）/尺寸（D）/旋转（R）]：@109.5，-75✓
```

③绘制涵底铺砌，命令执行过程如下：

```
命令：_line
指定第一点：                                    //利用对象追踪，捕捉截水墙底部高度
指定下一点或 [放弃（U）]：700.5✓
命令：_copy
选择对象：找到 1 个                             //选中涵底铺砌第一条线
当前设置：复制模式 = 多个
指定基点或 [位移（D）/模式（O）]<位移>：         //捕捉直线左端点
指定第二个点或 <使用第一个点作为位移>：15✓      //垂直向上，按 Enter 键
```

2）H 面投影绘制，命令执行过程如下：

```
命令：_rectang
指定第一个角点或 [倒角（C）/标高（E）/圆角（F）/厚度（T）/宽度（W）]：
                                                //长对正，可用对象追踪
指定另一个角点或 [面积（A）/尺寸（D）/旋转（R）]：@300.75，-397.5✓
命令：_line
指定第一点：                                    //长对正，对象追踪截水墙
指定下一点或 [放弃（U）]：                        //垂直向下
```

①绘制另一条虚线，命令执行过程如下：

```
命令：_line
指定第一点：                                    //捕捉矩形中点画对称轴线
指定下一点或 [ 放弃（U）]：                       //打开正交功能，水平向右
命令：_line
指定第一点：from
基点：
<偏移>：<正交 开>71.25↙                        //垂直向上捕捉到临近点
指定下一点或 [ 放弃（U）]：700.5↙               //水平向右
```

②进行镜像，命令执行过程如下：

```
命令：_mirror
选择对象：找到 1 个                              //选择涵底铺砌一条线
指定镜像线的第一点：                             //对称轴一个端点
指定镜像线的第二点：                             //对称轴另一个端点
要删除源对象吗？ [ 是（Y）/ 否（N）]<N>：
```

3）绘制 W 面投影。可用"矩形"命令、直线"命令"进行绘制（略）。

（3）绘制墙身和缘石。

1）墙身（图 2-3-4）和缘石的绘制比较简单，用"直线"命令即可完成。

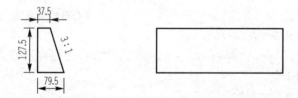

图 2-3-4　墙身

2）完成墙身与基础的组合，如图 2-3-5 所示。

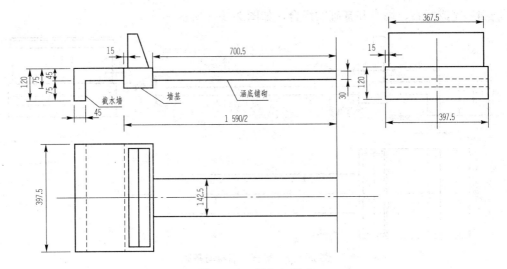

图 2-3-5 墙身与基础

3）绘制缘石。缘石（图 2-3-6）的绘制可以使用到"直线"命令、"矩形"命令、"倒角"命令和"偏移"命令。其中，V 面投影的倒角，可以用相对坐标进行绘制，也可使用"倒角"命令绘制。下面使用"倒角"命令进行讲解。

命令执行如下：

```
命令: _rectang
指定另一个角点或 [面积 (A)/尺寸 (D)/旋转 (R)]: @45, 37.5↙
("修剪"模式) 当前倒角距离 1=0.0000, 距离 2=0.0000
选择第一条直线或 [放弃 (U)/多段线 (P)/距离 (D)/角度 (A)/修剪 (T)/方式 (E)/多个 (M)]: d↙
指定第一个倒角距离 <0.0000>:7.5↙
指定第二个倒角距离 <5.0000>:7.5↙
选择第一条直线或 [放弃 (U)/多段线 (P)/距离 (D)/角度 (A)/修剪 (T)/方式 (E)/多个 (M)]:
                                          //选择倒角第一条边
选择第二条直线，或按住 Shift 键选择要应用角点的直线:
                                          //选择倒角第二条边
```

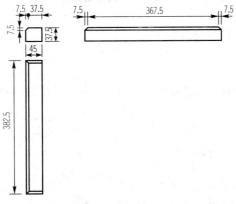

图 2-3-6 缘石

4）完成缘石、墙身和基础的组合，如图 2-3-7 所示。

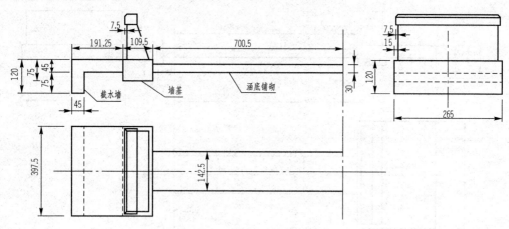

图 2-3-7　缘石、墙身与基础

（4）绘制圆管涵涵身。绘制圆管涵涵身，如图 2-3-8 所示。V 面投影可使用"多段线""矩形""直线"命令配合"复制""平移"等命令进行绘制。H 面投影与 V 面投影的尺寸一样，可直接复制。W 面投影可使用"圆"命令进行绘制。

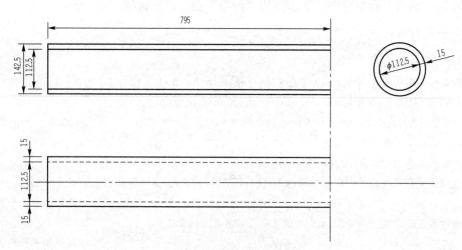

图 2-3-8　圆管涵涵身

1）V 面投影。命令执行过程如下：

```
命令：_rectang
指定另一个角点或 [ 面积（A）/尺寸（D）/旋转（R）]：@530，95
命令：_explode
选择对象：找到 1 个                                              //选中矩形
命令：_copy
选择对象：找到 1 个                                    //选择矩形上面一条长边
当前设置：复制模式 = 多个
指定基点或 [ 位移（D）/模式（O）]<位移>：              //选择矩形左上角点
```

```
指定第二个点或＜使用第一个点作为位移＞: 15✓                         //垂直向下
指定第二个点或［退出（E）/放弃（U）］＜退出＞: 127.5✓              //垂直向下
指定第二个点或［退出（E）/放弃（U）］＜退出＞:
```

2）H 面投影。圆管涵涵身 H 面投影与 V 面投影一样，可直接复制 V 面投影。注意可见性判别，过程略。

3）W 面投影，过程略。

4）完成圆管涵涵身与墙身等的组合。圆管涵涵身与墙身斜面相交有一椭圆弧截交线，此椭圆长轴、短轴的端点如图 2-3-9 所示。命令执行过程如下：

```
命令：_ellipse
指定椭圆的轴端点或［圆弧（A）/中心点（C）］：       //一个长轴端点，图 2-3-9 中点 1
指定轴的另一个端点：                                 //另一个长轴端点，图 2-3-9 中点 2
指定另一条半轴长度或［旋转（R）］：                  //短轴一个端点，图 2-3-9 中点 3
```

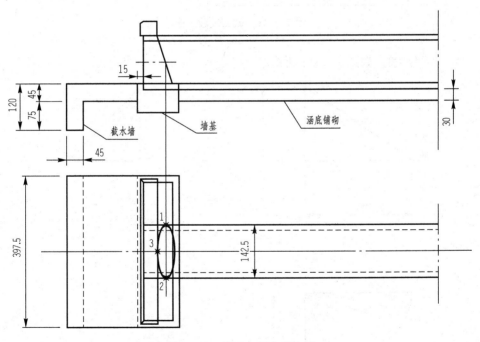

图 2-3-9　涵身与墙身截交线

绘制截交线应注意判别其可见性，椭圆长轴的端点是椭圆虚实可见的分界点，如图 2-3-10 所示。

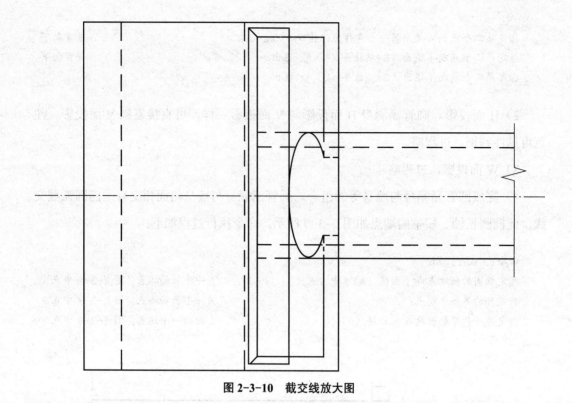

图 2-3-10 截交线放大图

（5）绘制锥坡，如图 2-3-11 所示。

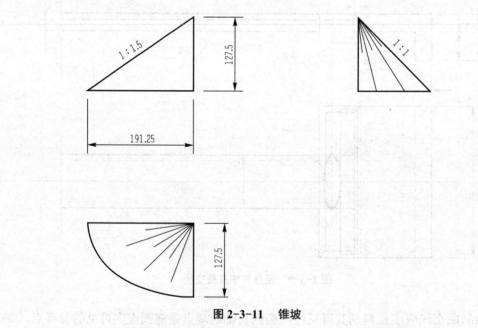

图 2-3-11 锥坡

1）V 面投影，命令执行过程如下：

```
命令：_pline
当前线宽为 0.0000
指定下一个点或 [ 圆弧（A）/ 半宽（H）/ 长度（L）/ 放弃（U）/ 宽度（W）]：127.5↙
指定下一点或 [ 圆弧（A）/ 闭合（C）/ 半宽（H）/ 长度（L）/ 放弃（U）/ 宽度（W）]：191.25↙
指定下一点或 [ 圆弧（A）/ 闭合（C）/ 半宽（H）/ 长度（L）/ 放弃（U）/ 宽度（W）]：c↙
```

2）H 面投影，命令执行过程如下：

```
命令：_ellipse
指定椭圆的轴端点或 [ 圆弧（A）/ 中心点（C）]：_a↙
指定椭圆弧的轴端点或 [ 中心点（C）]：c↙
指定椭圆弧的中心点：                              //选中椭圆中心点
指定轴的端点：                                    //选中椭圆的长轴端点
指定另一条半轴长度或 [ 旋转（R）]：               //选中椭圆的短轴端点
指定起始角度或 [ 参数（P）]：0↙
指定终止角度或 [ 参数（P）/ 包含角度（I）]：90↙
```

上述为椭圆弧的绘制过程，椭圆中心点和端点的捕捉可以先绘制出 191.25 和 127.5 两个半轴。

3）W 面投影作图过程（略）。

4）完成锥坡与墙身等的组合，另一侧锥坡用"镜像"命令复制，如图 2-3-12 所示。

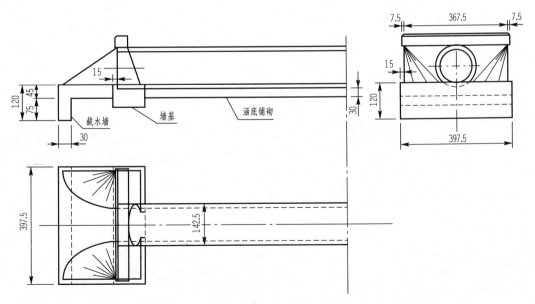

图 2-3-12　锥坡与其余部分组合

（6）绘制路基，使用"填充"等命令填充剖面图案。由于 V 面投影采用半纵剖面图，利用"填充"命令表达洞身、基础等建筑材料，如图 2-3-1 所示。

二、绘制盖板涵工程图

（一）操作提示

盖板涵构造图，如图 2-3-13 所示。绘制过程如下：

（1）建立图层（基础、八字翼墙、缘石、盖板、路基、尺寸标注、文字等图层）。

（2）绘制基础图。

（3）绘制八字翼墙图。

（4）依次绘制缘石、盖板图，路基断面图。

（二）绘制过程

（1）建立图层（基础、八字翼墙、缘石、盖板、路基、尺寸标注、文字等图层），过程略。

（2）绘制基础图。操作过程如下：

1）绘制中心线、作图辅助线，如图 2-3-14 所示。

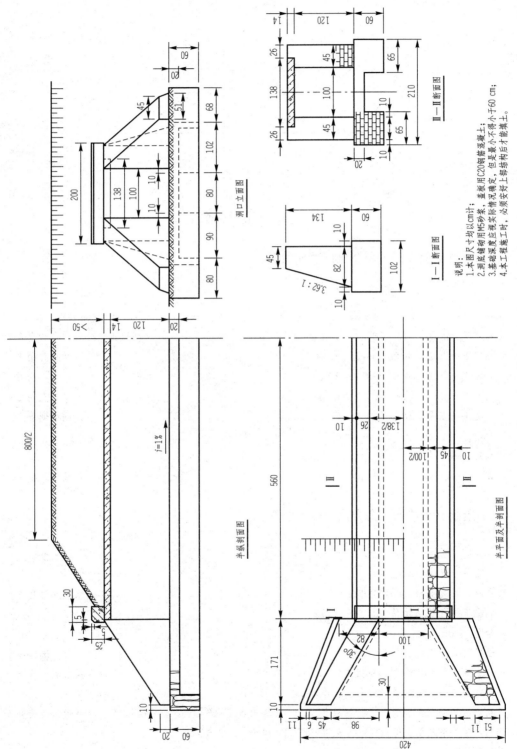

洞口立面图

半纵剖面图

半平面及半剖面图

I—I 断面图

II—II 断面图

说明：
1. 本图尺寸均以cm计；
2. 洞底铺砌用M5砂浆，盖板用C20钢筋混凝土；
3. 基础深度应视实际情况确定，但是最小不得小于60 cm；
4. 本工程施工时，必须安好上部结构后才能填土。

图 2-3-13　盖板涵构造图

图 2-3-14　作图辅助线

2）绘制 V 面投影。命令执行过程如下：

```
命令: _line
指定第一点:
指定下一点或 [ 放弃（U）]: 741↙                              // 利用正交绘制，自右向左
指定下一点或 [ 放弃（U）]: 60↙                                        // 垂直向下
指定下一点或 [ 放弃（U）]: 30↙                                        // 水平向右
指定下一点或 [ 放弃（U）]: 40↙                                        // 垂直向上
指定下一点或 [ 放弃（U）]:                                           // 捕捉到垂点
命令: _line
指定第一点:
指定下一点或 [ 放弃（U）]:                                           // 捕捉到垂足
```

3）绘制 H 面投影，命令执行过程如下：

```
命令: _line
指定第一点: from
基点: < 偏移 >: @0, 105↙                                     // 以轴线交点为基点
指定下一点或 [ 放弃（U）]: 560↙
命令: _copy
选择对象: 找到 1 个                                                     // 选择线
指定基点或 [ 位移（D）/ 模式（O）]< 位移 >:                  // 以线段右端为基点
指定第二个点或 < 使用第一个点作为位移 >: 65↙
指定第二个点或 [ 退出（E）/ 放弃（U）]< 退出 >: 145↙                    // 利用正交绘制
指定第二个点或 [ 退出（E）/ 放弃（U）]< 退出 >: 210↙
指定第二个点或 [ 退出（E）/ 放弃（U）]< 退出 >:
命令: _line
指定第一点: from
```

基点: <偏移>: @-741, 210 ✓	// 以 H 面轴线交点为基点
指定下一点或 [放弃 (U)]: 10 ✓	// 利用正交绘制，水平向右
指定下一点或 [放弃 (U)]: @171, -68 ✓	
指定下一点或 [闭合 (C) / 放弃 (U)]: 284 ✓	
指定下一点或 [闭合 (C) / 放弃 (U)]: @-171, -68 ✓	// 垂直向下
指定下一点或 [闭合 (C) / 放弃 (U)]: 10 ✓	// 水平向右
指定下一点或 [闭合 (C) / 放弃 (U)]: c ✓	
命令: _line 指定第一点:	// 以 H 面第二条水平线左端为起点
指定下一点或 [放弃 (U)]: @-151, 90 ✓	
指定下一点或 [放弃 (U)]: 260 ✓	// 利用正交绘制，向下
指定下一点或 [放弃 (U)]:	// 利用捕捉

4) 绘制 W 面投影，命令执行过程如下：

命令: _rectang
指定第一个角点或 [倒角 (C) / 标高 (E) / 圆角 (F) / 厚度 (T) / 宽度 (W)]:

                                             // 注意高平齐

指定另一个角点或 [面积 (A) / 尺寸 (D) / 旋转 (R)]: @420, 60 ✓
命令: _line
指定第一点: from
基点: <偏移>: 68 ✓   // 以 W 面矩形右上角为基点，利用正文水平向左始终捕捉到最近点
指定下一点或 [放弃 (U)]:   // 捕捉到垂足
命令: _copy
选择对象: 找到 1 个 /   // 选择线
指定基点或 [位移 (D) / 模式 (O)]<位移>:
指定第二个点或 <使用第一个点作为位移>: 284 ✓

                                     // 以线段顶端为基点，利用正交，水平向左

命令 _line
指定第一点: from
基点: <偏移>: 80 ✓   // 以矩形左下角端为基点，利用正交水平向右始终捕捉到最近点
指定下一点或 [放弃 (U)]: 40 ✓   // 垂直向上
指定下一点或 [放弃 (U)]: 260 ✓   // 水平向右
指定下一点或 [放弃 (U)]:   // 向下，捕捉到垂足
命令: _copy
选择对象: 找到 1 个   // 选择 40 高的线
指定基点或 [位移 (D) / 模式 (O)]<位移>: 指定第二个点或 <使用第一个点作为位移>: 90 ✓
// 以线段底端端为基点，利用正交水平向右
指定第二个点或 [退出 (E) / 放弃 (U)]<退出>: 170 ✓

5) 将看不见的投影线改画成虚线，绘制结果如图 2-3-15 所示。

盖板涵的其余部分的绘制与基础部分大同小异，请读者思考后自行完成。

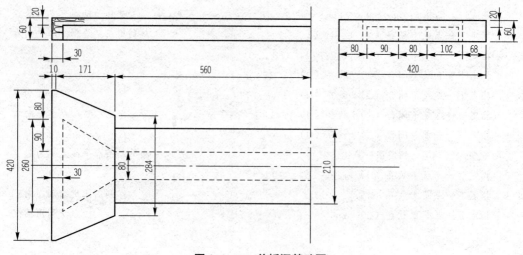

图 2-3-15 盖板涵基础图

绘制完成如图 2-3-16 所示的盖板涵构造图中的剩余部分。

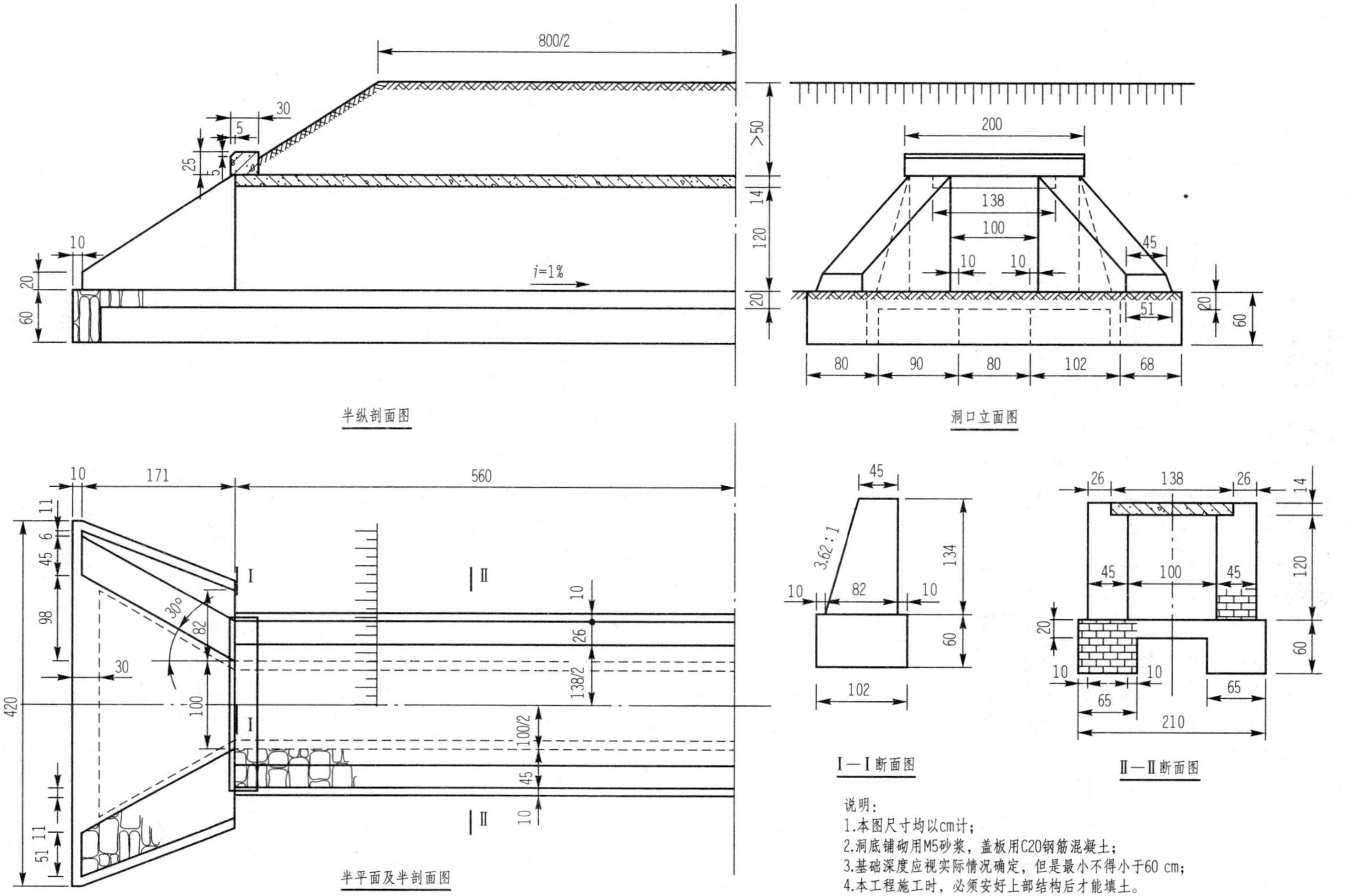

洞口立面图

Ⅰ—Ⅰ断面图

Ⅱ—Ⅱ断面图

半纵剖面图

$i=1\%$

半平面及半剖面图

说明：
1. 本图尺寸均以cm计；
2. 洞底铺砌用M5砂浆，盖板用C20钢筋混凝土；
3. 基础深度应视实际情况确定，但最小不得小于60 cm；
4. 本工程施工时，应需安好上部结构后才能填土。

图 2-3-16 盖板涵构造图

参 考 文 献

［1］苏建林，张邻生．公路工程 CAD［M］．北京：人民交通出版社，2011．

［2］张莹，贺子奇，安雪，等．AutoCAD 2014 中文版从入门到精通［M］．北京：中国青年出版社，2014．

［3］刘松雪，姚青梅．道路工程制图［M］．3 版．北京：人民交通出版社，2012．

［4］汪谷香．工程制图与 CAD［M］．北京：人民交通出版社，2016．